国家重点研发计划课题"凌汛灾害预警预报及风险动态评估技术（2018YFC1508403）"资助出版

复杂环境凌汛灾害驱动机制及险情诊断评估研究

——以黄河宁蒙段为例

田福昌　苑希民　著

黄河水利出版社

·郑　州·

内 容 提 要

本书分为7章，内容包括研究概述、黄河宁蒙段基本情况、凌情与凌汛灾害演变特征及其驱动机制研究、河势分形特征及冰塞险情诊断研究、凌汛堤防险工段划分与危险性评价研究、凌汛溃堤洪水耦合计算模型与风险动态评估研究、结束语。本书主要强调凌汛灾害演变驱动机制基本理论和风险评估方法的应用，注重理论与实践的紧密结合，可为寒区河道凌汛灾害防御、应急指挥决策、风险评估管理及土地利用规划等提供重要的理论技术支持。

本书可供河流防凌防汛管理部门及相关专业技术人员阅读，亦可作为防洪防凌减灾及其他相近学科的教材或参考书。

图书在版编目（CIP）数据

复杂环境凌汛灾害驱动机制及险情诊断评估研究：以黄河宁蒙段为例/田福昌，苑希民著 . —郑州：黄河水利出版社，2021. 10
ISBN 978-7-5509-3150-3

Ⅰ.①复…　Ⅱ.①田…　②苑…　Ⅲ.①黄河-防凌-研究
Ⅳ.①TV875

中国版本图书馆 CIP 数据核字（2021）第222128号

审稿编辑：席红兵　　电话：13592608739

出　版　社：黄河水利出版社　　　　　　　　　　　网址：www. yrcp. com
　　　　　地址：河南省郑州市顺河路黄委会综合楼14层　　邮政编码：450003
发行单位：黄河水利出版社
　　　　　发行部电话：0371-66026940、66020550、66028024、66022620（传真）
　　　　　E-mail：hhslcbs@ 126. com
承印单位：河南新华印刷集团有限公司
开本：787 mm×1 092 mm　1/16
印张：9.25
字数：214 千字
版次：2021 年 10 月第 1 版　　　　　　　　　　　　印次：2021 年 10 月第 1 次印刷

定价：78.00 元

前　言

　　本书得到国家重点研发计划课题"凌汛灾害预警预报及风险动态评估技术（2018YFC1508403）"的资助。

　　我国是世界上凌汛灾害影响最严重的国家之一，古人云："伏汛易抢，凌汛难防""凌汛决口，河官无罪"，道出了寒区河流凌汛灾害防御难度之大。由于特殊的地理位置和水文气象条件影响，我国北方寒区河流（比如黄河、黑龙江和松花江等）凌汛灾害频繁发生并造成严重损失，为我国冬春季节大江大河极为突出的重大自然灾害之一，尤其北方黄河宁蒙段淤积形成新悬河，防凌形势更加严峻，凌汛灾害风险的科学防控至关重要。

　　加强自然灾害防治关系国计民生，我国一直高度重视自然灾害防治工作，并于近年来明确提出了"建立高效科学的自然灾害防治体系""提高多灾种和灾害链综合监测、风险早期识别和预报预警能力""努力实现从注重灾后救助向注重灾前预防转变，从减少灾害损失向减轻灾害风险转变"等系列政策措施，可见，加强凌汛灾害风险管理与科学防控，提高寒区防凌减灾能力，切实减轻凌灾风险，既是寒区自然灾害防治的必然需要，也是国家可持续发展和重大战略顺利实施的需要。然而，与大江大河防洪减灾相比，我国对于寒区河流防凌减灾方面的研究还比较薄弱，难以支撑新时期社会经济发展对防凌减灾理论与技术的紧迫需求。当前对于凌汛"壅水—溃堤—淹没"致灾成灾过程、规律及机制研究还不够深入，对于凌汛灾害风险的认识仍有不足，且尚未形成较为系统完善的凌汛灾害风险定量评估方法。

　　本书依托国家重点研发计划项目"黄河凌汛监测与灾害防控关键技术研究与示范"和国家172项重大水利工程信息化防灾项目"黄河宁夏段二期防洪工程堤坝安全监测与智能管理系统"，以黄河宁蒙段为对象，采用理论分析、数理统计、数值模拟、智能算法与综合评价等方法，较为深入地开展了复杂环境凌汛灾害驱动机制及险情诊断评估研究。本书共包括7个章节，依次为研究概述、黄河宁蒙段基本情况、凌情与凌汛灾害演变特征及其驱动机制研究、河势分形特征及冰塞险情诊断研究、凌汛堤防险工段划分与危险性评价研究、凌汛溃堤洪水耦合计算模型与风险动态评估研究、结束语。本书主要强调凌汛灾害演变驱动机制基本理论和风险评估方法的应用，注重理论与实践的紧密结合，可为寒区河道凌汛灾害防御、应急指挥决策、风险评估管理及土地利用规划等提供重要的理论技术支持。

　　本书由田福昌负责撰写和统稿，苑希民负责审核修订。研究和编写过程中，还得到了天津大学水利水电工程系练继建教授、马超教授、李发文教授、王秀杰副教授以及河北工程大学、黄河水利科学研究院、宁夏水旱灾害防御中心等单位领导和专家的指导与帮助,同时本书引用了部分学者的论文论著,在此致以衷心的感谢!

由于作者水平有限,编撰时间较紧,书中难免出现错误或不妥之处,恳请读者提出批评和指导性建议。

作　者
2021 年 8 月

目　录

第 1 章　研究概述

1.1　研究背景与意义

凌汛,是冰凌堆积堵塞产生水流阻力而引起江河水位明显上涨的一种水文现象,普遍发生于高纬度高海拔寒冷地区河流,中国、美国、俄罗斯和加拿大等国家冬季常发生河流凌汛[1-4]。中国北方黄河、黑龙江和松花江均为易产生凌汛的河流,寒冬封河期和春季开河期冰凌下潜淤塞河道而诱发冰塞冰坝壅水,大幅抬升水位致使洪水漫滩或发生漫溃堤凌汛灾害[5-8]。古人云:"伏汛易抢,凌汛难防",一语道出了凌汛险情自古难以防御且抢险极为困难,更有"凌汛决口,河官无罪",映射出了凌汛堤防溃决灾害防守难度和人类面对凌汛决口事件的脆弱度。由于特殊的地理位置和水文气象条件影响,黄河宁蒙段凌汛灾害已成为我国冬春季节大江大河极为突出的重大自然灾害之一,具有致灾因子多样、孕灾环境复杂、承灾体脆弱性大、突发链发性强、影响损失严重、灾害防控困难等特点[9]。据统计,1986 年以来黄河宁蒙段已发生 10 余次凌汛溃堤灾害,给区域社会经济发展和人民生命财产安全造成了巨大影响。在气候变暖、水流动力因素、河道边界条件及人类活动等复杂环境影响下,凌汛灾害防控难度增大,凌灾影响与损失更加严重。可见,凌汛灾害风险的科学防控,至关重要!

我国是世界上凌汛灾害影响最严重的国家之一,始终特别重视凌汛与洪涝等自然灾害的防治工作。习近平总书记于 2016 年 7 月 28 日在河北省唐山市调研考察时指出:"发展和利用科学技术,提高科学防灾减灾救灾水平,为经济社会可持续发展护航","推进重大防灾减灾工程建设、加强灾害监测预警和风险防范能力建设","努力实现从注重灾后救助向注重灾前预防转变,从减少灾害损失向减轻灾害风险转变,全面提升全社会抵御自然灾害的综合防范能力"。2018 年 10 月 10 日中央财经委员会第三次会议上,习近平总书记再次强调:"加强自然灾害防治关系国计民生,要建立高效科学的自然灾害防治体系,提高全社会自然灾害防治能力,为保护人民群众生命财产安全和国家安全提供有力保障",将"实施自然灾害监测预警信息化工程,提高多灾种和灾害链综合监测、风险早期识别和预报预警能力"作为关键领域和关键环节的重点建设内容。2020 年 1 月 3 日,习近平总书记主持召开中央财经委员会第六次会议,强调抓好黄河流域生态保护和高质量发展,指出:"黄河水少沙多、水沙关系不协调是黄河复杂难治的症结所在,上游宁蒙河段淤积形成新悬河,地上悬河形势严峻,洪水风险依然是流域的最大威胁,黄河水害隐患还像一把利剑悬在头上,丝毫不能放松警惕"。为响应落实习近平总书记指示、推进新时代水利改革发展,水利部部长鄂竟平在 2019 年 1 月 15 日召开的全国水利工作会议上指出,水利工作重心转为"水利工程补短板、水利行业强监管","我国自然地理和气候特征决定了水旱灾害将长期存在,并伴有突发性、反常性、不确定性等特点,与之相比,水利工程体系仍存在一些突出问题和薄弱环节,必须通过水利工程补短板,全面提升我国水旱灾害综合防治能力"。

为贯彻落实党中央、国务院防灾减灾救灾工作重大部署,针对国家"建立高效科学自然灾害防治体系"的迫切要求以及保障黄河防凌安全的现实需求,科技部于 2018 年批准立项国家重点研发计划"黄河凌汛监测与灾害防控关键技术研究与示范"项目[9],以促进提升黄河凌汛灾害防御水平,增强凌汛灾害防控能力,为保护沿黄地区社会经济发展和人民生命财产安全提供有力保障。

本书依托国家重点研发计划"黄河凌汛监测与灾害防控关键技术研究与示范"项目、"凌汛灾害预警预报及风险动态评估技术"课题(2018YFC1508403)和国家 172 项重大水利工程信息化防灾项目"黄河宁夏段二期防洪工程堤坝安全监测与智能管理系统",结合现有研究存在的不足,深入开展复杂环境凌汛灾害驱动机制与险情诊断评估研究——以黄河宁蒙段为例,重点揭示复杂条件下凌情与凌汛灾害演变特征及其驱动机制,分析黄河宁蒙段凌汛洪水风险分布特征,并通过研究多维度河势分形特征及其与冰塞冰坝的关联关系,建立凌汛冰塞险情诊断方法,然后开展凌汛堤防险工段划分与危险性评价,并提出黄河宁蒙段凌汛溃堤洪水耦合计算模型与风险动态评估方法,研究成果可为复杂环境黄河宁蒙段凌汛灾害风险的早期识别、预测及评价提供理论方法重要支撑。

1.2　国内外研究进展

1.2.1　凌汛成因、灾害特点与防凌措施研究

20 世纪 90 年代,徐剑锋[10]首次系统梳理黄河内蒙古段凌汛灾害事件,提出加固堤防、整治河道、加强冰情预报、控制水库调度、运用破冰措施、新建海勃湾水库等防凌综合措施,之后众多专家学者开始聚焦研究黄河宁蒙段凌汛成因、灾害特点、防凌措施等问题。

凌汛成因方面,主要研究了热力环境、动力因素和边界条件等对凌汛发生发展过程的影响。比如:冯国华等[11]在系统分析成冰期、结冰期、融冰期、消冰期的冰情演变特征基础上,研究了凌汛成因的热力、动力和河势等三大影响因素;闫新光[12]研究得出封河冰面低、冰下过流能力弱、槽蓄水增量大、冰层偏厚、气温变幅大、河道堆冰壅高水位等是黄河特大凌汛成因;张泽中等[13]从冰塞和冰坝形成、发展角度,分析了热力因素、水力因素和河道边界条件的影响,认为龙羊峡与刘家峡水库联合运用造成河道淤积是宁蒙河段冰塞增多、冰坝减少的根本原因;刘啸骋[14]分析了黄河呼和浩特市段凌汛灾害成因,提出河流弯道地形河势条件、凌汛水位高且陡涨陡落、流量大、险情发展速度快是造成灾害的主要因素;王文东等[15-16]在对黄河内蒙古段封开河期凌汛灾害特征分析基础上,从天气动力学、热力学、河道形态与河床流量等角度总结了凌汛成因及其影响因素;赵忠武等[17]分析得出气温大幅度升降、河道狭窄且弯曲、宽浅流势紊乱、防洪工程标准低是黄河乌海乌兰木头段 2001 年凌汛灾害成因;雷鸣等[18]认为河段淤积加重、跨河建筑物不断增加、气温时空分布不利、封河阶段流量波动且遭遇持续强低温过程等是造成 2007~2008 年度凌汛期溃堤灾害的主要因素;陈正等[19]从气候和地理方面分析了凌汛灾害成因。

凌汛灾害特点方面,郜国明等[9]认为黄河凌汛灾害具有孕灾环境复杂、突发链发性强、防御困难等特点,是我国冬春季节大江大河中极为突出的自然灾害;不同专家学者研究了气候气温[20-25]、龙刘水库联合调控[26-27]、水文水温过程与河道形态[28]、灌区退水[29]等多因素影响下凌汛灾害变化特点;刘吉峰等[30]总结了冰凌灾害变化特点,即流凌、封河与开河时间推迟,首封地点下移,封开河不稳定,冰下过流能力降低、槽蓄水增量增大,封开河水位偏高、凌峰流量偏小,凌情形势更复杂;赵炜与鲁仕宝等[31-33]梳理了历史上黄河凌汛灾害,分析了凌汛期冰塞冰坝及溃堤灾害影响损失的严重性;潘进军等[34]认为黄河内蒙古段开河期灾情重于封河期,凌汛漫堤决口灾害具有突发性。

防凌措施方面,牛运光[35]提出利用水库调节河道流量与分泄河槽蓄水,减少开河期来水量,配合破冰措施和防护方法,综合防控凌汛灾害;闫新光[36]提出了"提前分凌、主动破冰、严防死守、应急滞洪"的防凌总方针,研究了"撤、调、分、泄、疏、堵、安"的防凌抢险措施;孟闻远等[37-38]提出了"变被动防御为主动防御、变军队应急机制为军民联合防治"理念的黄河防凌减灾新方案;郜国明等[39-40]提出黄河凌汛险情应急处置措施,并分析了黄河内蒙古段应急分凌区运用成效;翟家瑞等[41-43]探讨了黄河宁蒙段上下游水库防凌调度运行方式及其对凌灾演变的影响;孙宗义等[44]分析认为上游梯级水库调度对下游河段洪水增温和宁蒙段凌汛威胁减轻具有重要作用;邓宇等[45-47]研究了无人机航测、遥感及远程监控预警技术在凌情、凌汛灾害管控过程中的试验应用。

1.2.2　凌洪演进数值模拟与凌情预测预报方法研究

1.2.2.1　凌汛洪水演进数值模拟方法及应用研究

国内外对于凌汛洪水演进数值模拟方法及模型研究,基本可分为两类,一类是河冰生消演变及冰塞壅水过程模拟的"机制"模型,通过水力模型、热力模型和冰冻模型的集成耦合,模拟河流结冰、封冻和解冻过程,比如 RICE、DynaRICE、CE-QUAL-W2 和 FLUENT等;另一类是凌汛壅水风险模拟的"概念"模型,即输入冰盖、冰塞、冰坝相关描述参数,计算冰塞厚度、冰期水位、水深等水力要素,支撑凌汛洪水风险分析,比如 RIVICE、HEC-2、River 2D、ICEJAM、RIVJAM、MIKE 等,目前尚未见泛区以及河道—泛区凌洪演进模拟成果的相关报道。

20 世纪 70 年代后,河流冰塞冰坝灾害逐渐引起国际专家学者的广泛关注[48-51]。国外 Shen[52]构建了包含流凌期、封河期和开河期河冰增长消融的研究框架;Beltaos 等[53-54]提出了基于漂浮冰块内外力静态平衡关系的表面冰最大堆积厚度计算方法;Shen 等[55-57]通过冰盖生长的动态表达,实现了表面冰输移受阻形成冰塞冰坝演变过程的模拟;Huang等[58]构建了 St. Lawrence 河道岸冰与冰盖形成发展过程模拟的二维河冰模型;Hirayama等[59-60]研究了日本河冰现象及机制问题,应用 DynaRICE 二维河冰模型模拟了日本Shokotsu 河冰期武开河冰坝形成演变过程;Ian 等[61]将 DynaRICE 模型应用于 St.Marys 河冰盖下水内冰输移、堆积与开河冰坝形成的模拟;Brayall[62]应用 River 2D 模型模拟了 HayRiver 三角洲卡冰条件下不同流量对应河道水位变化情况;Lindenschmidt[63-64]研发了一维河冰模型 RIVICE,模拟了 Athabasca River 冰盖形成、推移及冰塞壅水情况,并将其应用于加拿大 Peace River 冰塞洪水风险评估。

我国在天然河道与输水渠道河冰数值模拟方面同样取得较大研究进展,杨开林、王军等[65-69]梳理了河流冰塞数值模拟与冰水力学研究进展,提出较为系统的河冰数值模型理论;茅泽育和吴剑疆等[70-72]建立了河道水内冰及冰塞形成演变的冰水耦合数学模型;徐国宾等[73-79]研究了河冰演变一维数学模型理论,构建了大型输水工程冰期输水能力模拟模型,开展了渠道弯道式排冰、水内冰演变、冰凌下潜、输水工程冰期冰盖、潜冰运动规律等方面数值模拟;王军等[80-83]模拟了弯道河冰运动特性、冰盖形成及冰厚变化、冰塞堆积以及封冻期桥墩壅水过程;穆祥鹏等[84-86]通过长距离输水渠道流冰输移演变数值模拟,研究了渠道冰期安全运行措施;李超等[87-88]应用 DynaRICE 模型,分析了黄河内蒙古段河冰生消演变特性和封开河冰塞热力学原理;我国于 2008 年编制形成了《凌汛计算规范》(SL 428—2008)[89]。

1.2.2.2　凌情预测预报技术方法研究

国内外对于凌情预测预报技术方法研究,已经取得较为成熟的理论、方法及应用成果。Foltyn 和 Shen 等[90-92]基于河道上游水文站初始水温、长期气温与水流平均流速预测预报以及水温响应基础上,提出了封河长期预报方法,研发的河冰模拟模型已广泛用于 St.Lawrence、Niagara、Ohio 和黄河冰凌模拟与预测预报。冀鸿兰等[93-94]深入分析了黄河内蒙古段凌汛形成过程及热力、动力、河势等三个方面的成因,并基于模糊聚类与神经网络理论构建了水文测站封开河日期预测模型,之后提出了封河历时模糊优选神经网络组合预测方法;苑希民等[95]在凌情变化规律分析基础上,基于遗传算法与神经网络方法构建了黄河宁蒙段凌情智能耦合预报模型(GA-BP);冯国华[96]建立了黄河内蒙古段冰情预报神经网络模型、遗传算法模型以及基于冰凌演变机理的数学模型;刘吉峰等[97-99]在总结气温预报模型、水文热力学预报模型和冰水动力学模型等黄河主要冰凌预报技术基础上,提出了冰凌过程连续滚动模拟和预报需求;关于黄河内蒙古段流凌、封河和开河日期预报,形成了集对分析改进的 BP 神经网络模型[100]、多元线性回归模型[101]、人工神经网络模型[102]、支持向量机模型[103-104]、灰色拓扑预测模型[105]、AGA-Shepard 模型[106]、GA-LMBP模型[107]、遗传算法优化 SVM 模型[108]等系列模型成果;关于冰坝预报技术研究,王昇等[109]探讨了耗散结构理论在开河冰坝预报中的应用;哈焕文[110]建立了冰塞冰坝最高水位计算与预报的动力—随机模型;王涛等[111-112]开发了 Levenberg-Marquart 算法改进传统 BP 神经网络的冰情预报模型,之后在冰坝成因与机理研究基础上,建立了基于神经网络理论的冰坝预报模型。

1.2.3　河势变化与凌汛险情演化特性研究

1.2.3.1　河势演变及分形混沌理论应用研究

国内外河势变化成果较多,关于黄河宁蒙段河势变化研究,胡一三[113]系统研究了黄河游荡型、弯曲型和过渡型河段的河势演变过程及特性;岳志春与秦毅等[114-115]分析了黄河宁蒙段近期水沙变化特性、冲淤过程及河势演变情况,认为 20 世纪 90 年代以前河道游荡性减弱,之后由于大洪水减少且洪水位涨幅不大,河道摆动幅度加大、弯曲萎缩加剧;岳志春等[116-117]研究了黄河宁夏段近期水沙变化及河床质对河势演变的影响,发现下河沿至青铜峡河段河相系数变化不大,河道断面仍保持较为窄深的状态,青铜峡至石嘴山河段河相系数总体上呈现逐年增大趋势,主槽逐年淤高,断面更趋宽浅;贺新娟[118]在分析黄河宁夏段历年水沙冲淤变化、河槽摆动、河岸偏移基础上,研究了河道冲淤演变对洪水、凌汛的影响;王新军等[119-121]分析了 2012 年洪水过程对黄河宁蒙段河势变化的影响,认为大洪水淤滩刷槽,使得游荡型河道主流摆动幅度增大;秦毅等[122]研究认为凌汛期洪水具有较强的粗泥沙输移能力,横断面形态趋向宽浅;刘子平[123]分析了上游水库防凌调度对黄河内蒙古河段河床演变的影响;张红武等[124-125]开展了河势演变数学模型与物理模型试验研究。

河流形态及其演变特征研究方面,分形与混沌理论应用一直得到国内外学者的特别关注,主要是应用分形几何学理论与"3S"技术,研究河流平面、横断面、纵剖面和床面等多维度形态演变分形特征。分形理论创始人 Mandelbrot(1977 年)最早将分形学引入地理水文学领域[126],通过河流分形特性探讨了河流长度与流域面积之间的相关关系,随后国内外众多学者应用分形理论研究了河流形态及其演变特征[127-128]。比如 Feder[129]基于霍顿定律推导了主河道分维计算公式。Robert[130]研究了冲积河流沉积动力过程的分形特征,推求了能够反映河床剖面粗糙度分形特征的标度指数。Tarboton 等[131]建立了河流地貌演化与河网密度的联系,分析了尺度变化对分形维数的影响。Nikora 等[132]认为河流中心线分形维数可表征河流平面形态内部结构特点。Nykanen 等[133]提出了辫状河流平面形态自相似性和自仿射性计算方法,并应用自组织临界理论诠释了河流演变过程。我国于 20 世纪 90 年代开始,张矿[134]通过分析长江形态的分形特性,表明分形维数可以客观反映河流形态的复杂程度。汪富泉等[135-137]探讨了河流(网)系统分形结构形成机制,研究了蜿蜒河流分形特征,并揭示了河流平面形态演变规律。金德生等[138]分析了黄河下游及长江中下游河段河床深泓纵剖面分形特征。冯平等[139]基于分形理论及河系定律计算了海河水系河长和河网分维数。白玉川等[140]分析了蜿蜒河流平面形态分形维数,并对大型河流不规则程度和弯曲度进行分形描述。周银军等[141]探讨了河床表面分形特征及分维数变化与河段横断面、纵剖面、平面形态冲淤调整之间的关系。徐国宾等[142]研究了黄河不同河型径流量、宽深比和输沙量的非线性特征,表明不同河型具有不同强度的混沌特性,游荡型河道混沌特性最强。

1.2.3.2　凌汛险情演化特性研究

河冰生消演变及凌情演化特性研究方面,茅泽育等[143]总结了国内外河冰形成、演变、输移、堆积、消融和破碎冲蚀等冰情现象研究现状;李超等[144-145]通过河冰过程野外观测,研究了河道冰凌生消演变特性,并利用 DynaRICE 模型模拟了三湖河口弯道河冰生长、输移、堆积及冰盖发展过程;赵水霞等[146]根据野外观测数据、水文与气象资料、Landsat8 遥感影像,分析了什四份子弯道河冰生消及冰塞形成过程;颜亦琪等[147]研究了黄河宁蒙段开河期凌峰流量、洪量、洪水历时、水位、流速等水文要素变化特点;王恺祯等[148]论证了马斯京根法应用于冰期洪水计算的可行性,分析了冰盖冻结增厚和融化减薄过程对洪水波变形影响的差异。姚慧明等[30,149]分析了黄河宁蒙段不同年度凌汛期流凌、封河、开河日期及冰期气温、槽蓄水增量、冰下过流能力、封开河水位等冰情特征的变化规律;冀鸿兰等[150]探讨了万家寨水库建成投运后,上游河段封冻长度、封开河日期、封河水位等冰情及冰塞冰坝险情的变化特性。

凌汛冰塞冰坝险情演化特性研究方面,Shen 等[1]研究了冰塞冰坝形成演变数值模型;张泽中等[13]分析了冰塞冰坝形成、稳定和溃决过程,并从形成时间、发展速度、形成条件、形态特征等方面对比了冰塞与冰坝特性,与冰塞相比,冰坝主要发生于开河期、壅水位高、溃决破坏力大、堤防风险度高、损失更严重。

凌汛期堤防险情演化特性研究方面,李锦荣等[151]研究了黄河乌兰布和沙漠段历年凌汛期河岸动态变化情况,认为随着冰面萎缩—扩张—萎缩的动态变化,下游温差与两岸地势是凌汛期河岸变化的主要影响因素;戴长雷等[152]利用 Geo-studio 软件构建了凌汛期堤防渗流计算模型,模拟了冻结壳影响下堤防渗流路径变化,与伏汛期相比,凌汛期堤防内部渗透系数较小,渗流最大速度与最大坡降均较伏汛期明显提升,易引起管涌、崩塌等险情;李洋[153]建立了变水位条件下凌汛影响的堤防渗流模拟模型,并分析了堤防内部压力线、渗流路径、渗流速率、渗透坡降、最小安全系数的变化情况,可为凌汛期堤防险情演化特性研究及风险预测提供有利借鉴。

1.2.4 堤防险情分析评价及溃堤风险评估研究

1.2.4.1 堤防险情分析评价方法研究

堤防险情分析与安全评价一直得到水利工程界专家学者热切关注,并取得丰富研究成果。近 20 年来,众多学者研究了堤身结构、堤基特性和外界条件等单一或组合因素下不同破坏模式堤防险情分析评价方法[154-156],评价指标体系构建、指标量化、安全系数或风险度计算等涉及层次分析法、模糊层次分析法、熵权法、逆向扩散和分层赋权法、灰色理论、突变理论、集对理论、云模型、数值模拟、BP 神经网络等理论方法[157-159]。Shen 等[160]建立了堤防安全临界准则与基于尖顶突变理论的堤防安全评价模型;Pham 等[161]考虑了洪水波与非稳态地下水的延迟衰减性,计算了 Red river 不同水位条件下河堤渗流失稳破坏概率及不确定性;Wojciechowska 等[162]研究了洪水水位和水流波浪耦合荷载下堤防失效概率计算框架,并应用于 Vecht 河三角洲堤防破坏概率预测;Su 等[163]基于可拓理论、遗传算法和层次分析法构建了多指标多层级堤防安全评价指标体系,并进行堤防安全评价。我国于 2015 年编制了《堤防工程安全评价导则》(SL/Z 679—2015)[164]。杨德玮等[165]以洪泽湖大堤为例,从抗洪能力、渗透情况、结构稳定、抗震能力等方面提出堤防工程单元堤安全等级判别方法;杨端阳等[166]系统总结了堤防失效模式、风险分析方法及相关不确定性分析研究进展;刘晓岩等[167-169]分析了 1993 年、2001 年和 2008 年黄河宁蒙段重大凌汛堤防溃决灾害成因。

1.2.4.2 凌汛灾害及溃堤风险评估方法研究

凌汛灾害风险预测及评估方面,近年来,Beltaos[170-171]提出了冰塞洪水风险评估方法及局限性,并通过冰塞洪水前后观测资料量化了气候变化和水库调节对 Peace 河冰塞洪水发生频率的影响;Frolova 等[172]针对俄罗斯北部冬季冰塞严重问题,通过分析河道冰塞洪水发生概率,计算了不同水位条件下冰凌洪水淹没水深与淹没历时,开展了经济损失评估;李钰雯[173]构建了巴彦高勒站流凌期冰凌灾害风险评价指标体系(水位、流量、流凌/封河历时)及灰色预测决策评价模型;李诗[174]建立了黄河内蒙古段冰塞险情发生可能性评价指标体系(流量、流凌密度、气温和水温)、冰坝灾害风险评价指标体系(流量、气温、流凌密度、河道状况和工程影响)、冰情风险评价指标体系(流量、气温和工程影响)及对应灰色决策模型;罗党等[175-176]构建了由水位、流量、气温组成的冰凌灾害风险评估指标体系,并基于VIKOR扩展法和GMP(1,1,N)建立了黄河内蒙古段冰凌灾害风险预测评估模型;吴佳林[177]构建了由气温、流量、水深和河道宽度组成的冰塞灾害险情可能性评估指标体系,以及由流量、气温和水位组成的巴彦高勒站凌汛易发性风险评估指标体系;吴岚[178]建立了黄河头道拐至万家寨段凌汛灾前风险预测评价模型以及内蒙古段历史冰凌洪水灾情(灾后损失)评估模型。

溃堤淹没风险评估方面,Vorogushyn等[179]研发了一种考虑溃堤概率的洪水灾害评估模型IHAM,嵌入蒙特卡洛法模拟水文条件与堤防破坏随机性,辅助生成概率性洪水危险地图与某种破坏概率下堤防灾害图;Lindenschmidt等[180-181]应用冰塞数值模型开展了加拿大Peace河凌汛洪水灾害风险评估,模拟不同冰塞情景对应水位剖面,绘制洪水灾害风险图和城镇损失脆弱性图,并在长期研究基础上论述了冰凌洪水特性及灾害严重程度,总结了冰凌洪水研究现状及面临的挑战,强调了冰凌灾害分析及凌洪风险图重要性;Burrell等[182]梳理了冰凌灾害风险相关研究进展。随着我国近年开展全国重点地区洪水风险图编制,溃堤淹没风险评估技术研究取得较大进展,比如,苑希民和田福昌等[183-189]系统研究了河道—泛区一二维耦合与全二维水动力耦合模型,开展了漫溃堤洪水耦合计算与风险评估。

1.2.5　研究不足剖析

(1)现有凌汛成因、灾害特点及防凌措施研究成果,已较为深入地分析了凌汛主要成因、凌汛灾害特点以及防凌减灾综合措施,但尚未深入揭示热力环境、动力因素、边界条件、人类活动等多因素联合作用下凌情与凌汛灾害的演变特征及其驱动机制,且少有学者系统分析黄河宁蒙段凌汛洪水风险的分类及分布特征。

(2)现有凌洪演进数值模拟与凌情预测预报方法研究成果,多是针对河道一维或二维冰水运动过程开展河冰生消演变或冰塞冰坝壅水风险模拟,已形成较为成熟的河冰计算模型,且已建立流凌日期与封开河日期预报模型,但少有学者研究洪泛区以及河道—泛区耦合的凌汛洪水演进数值模型,尚缺乏考虑凌汛灾害成因多属性决策的冰塞险情诊断方法。

(3)现有河势变化与凌汛险情演化特性研究成果,已分析得出黄河宁蒙段不同时段不同河段河势演变特征及影响因素,并运用分形理论研究了长江等河流形态的变化规律,初步探讨了河冰生消演变、冰塞冰坝险情及堤防渗流演化特性,但鲜有学者研究横断面—纵剖面—平面不同维度河势分形特征及其与凌汛灾害的关联关系,尚有待进一步运用分形理论研究凌汛灾害的"弯道效应"。

(4)现有堤防险情分析评价及溃堤风险评估研究成果,已在伏汛期堤防险情分析评价、凌汛灾害风险预测评价、洪水溃堤风险评估等方面取得一定进展,但较少开展凌汛期堤防危险性评价研究,且缺少考虑凌汛堤防危险性空间分布差异特征的溃堤洪水风险评估研究成果。

1.3 研究内容与思路

1.3.1 研究内容

根据黄河宁蒙段凌汛灾害防御急需解决的关键科学问题,结合当前研究存在的不足与难点,采用理论分析、数理统计、数值模拟、智能算法与综合评价等方法,首先研究黄河宁蒙段凌情与凌汛灾害的演变特征及其驱动机制,然后通过分析黄河宁蒙段河势分形特征及其与冰塞冰坝的关联关系,研究冰塞险情诊断方法,并考虑堤防险工段与冰塞险情易发河段存在差异性,进而开展凌汛堤防险工段划分与危险性评价,提出凌汛溃堤洪水耦合计算模型与风险动态评估方法,并进行实例应用。本书研究内容与架构如图 1-1 所示。

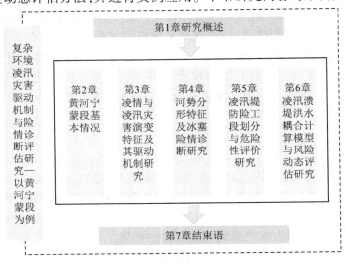

图 1-1 研究内容与架构

本书共分为 7 章,各章节主要研究内容如下:

第 1 章,研究概述。通过调研国内外关于凌汛成因与凌汛灾害特点、防凌措施、凌洪演进数值模拟与凌情预测预报方法、凌汛险情演化特性、堤防险情评价与溃堤风险评估等方面的研究进展,评述现有研究不足,提出关键科学问题,明确本书研究内容与技术路线。

第 2 章,黄河宁蒙段基本情况。从自然地理条件、防洪防凌工程、历史凌汛灾害、社会经济发展等方面,介绍黄河宁蒙段概况。

第 3 章,凌情与凌汛灾害演变特征及其驱动机制研究。研究凌情变化特征以及气温变化对流凌—封河—开河时间、流凌长度与封河长度、冰盖厚度的影响机制,并分析凌汛灾害主要成因与演变特征,重点揭示气温变化、水流条件和分凌区应急调控对凌汛灾害的驱动机制,在此基础上研究黄河宁蒙段凌汛洪水风险的分类及其分布特征。

第 4 章,河势分形特征及冰塞险情诊断研究。根据分形理论原理,研究横断面水位—面积关系分形维数计算方法,并结合 R/S 分析法与盒维数法,计算黄河宁蒙段横断面、纵剖面与平面河势的分形维数,分析不同维度河势分形特征及其与冰塞冰坝的关联性,在此基础上研究基于多组合均匀优化赋权、K-means 聚类与随机森林的冰塞险情诊断方法,通过诊断指标体系构建、诊断样本集构造、样本训练与参数设定,建立黄河宁蒙段冰塞险情诊断模型,并基于诊断结果辨识冰塞险情的主要驱动因子,分析冰塞险情变化趋势。

第 5 章,凌汛堤防险工段划分与危险性评价研究。考虑冰塞险情易发河段与堤防险工段并非完全一致,因此本章在第 4 章研究结论的基础上,开展凌汛堤防险工段划分与危险性评价研究,首先根据黄河宁蒙段历年凌汛期气温、水情、凌情与灾情数据及堤防设计资料,构建凌汛堤防分段危险性评价指标体系,然后以主客观评价因素均匀优化思路为主导,研究改进 FAHP-熵权的凌汛堤防危险度计算方法,并通过历史凌汛灾害发生情况以及多种方法计算结果的对比分析,验证改进方法的可靠性,在此基础上进行凌汛堤防险工段划分及其空间分布特征研究,分析堤防危险性关键影响因素与变化趋势。

第 6 章,凌汛溃堤洪水耦合计算模型与风险动态评估研究。首先研究凌汛溃堤洪水耦合计算模型原理及优化措施,建立黄河巴彦高勒至头道拐段河道—泛区凌洪耦合仿真模型,验证模型计算精度,并模拟不同方案凌汛壅水—溃堤—淹没耦合动态演进过程,然后考虑凌汛堤防危险性空间分布的异质性,通过耦合凌汛堤防危险度与凌洪淹没易损度,研究凌洪溃堤淹没风险动态评估方法,并开展多个溃口凌洪淹没联合风险聚类评估,分析溃堤淹没易损性变化趋势。

第 7 章,结束语。总结本书主要创新成果,并展望下一步研究方向。

1.3.2　研究思路

本书核心章节的总体研究路线,如图 1-2 所示。

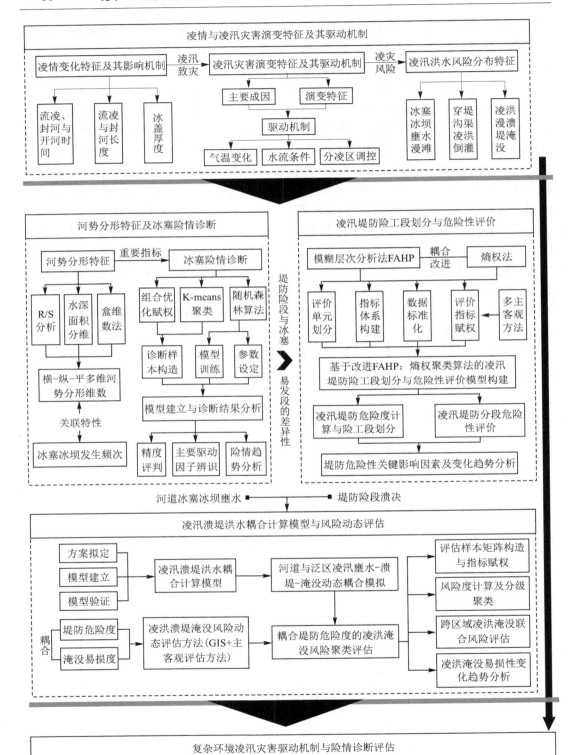

图 1-2　本书核心章节的总体研究路线

第 2 章　黄河宁蒙段基本情况

2.1　自然地理条件

2.1.1　地形地貌

黄河宁蒙段属于黄河流域上游二级阶地,自中卫市南长滩入境,经黑山峡、青铜峡、石嘴山至准格尔旗马栅镇出境,穿越中卫市、吴忠市、银川市、石嘴山市、乌海市、包头市、鄂尔多斯市等市、县(旗、区),河段全长 1 203.8 km,位于黄河流域最北端,纬度 37°17′~40°51′ N,洪水自低纬度流向高纬度,整体呈现"几"字形大河湾,地形地貌主要包括冲积平原、山地、丘陵、高原、沙漠及湖泊,流经大部地区为荒漠和荒漠平原,贯穿卫宁灌区、青铜峡灌区、河套灌区、土默川灌区和内蒙古黄河南岸灌区,河道弯曲,主槽滩地冲淤变化频繁,主流摆动不定,坡度较缓,河型较多,常出现河床高于地面的悬河,河口镇区域河底高程相当于宁蒙河段局部侵蚀基准面。黄河宁蒙段地理位置如图 2-1 所示,不同河段基本特性如表 2-1 所示。

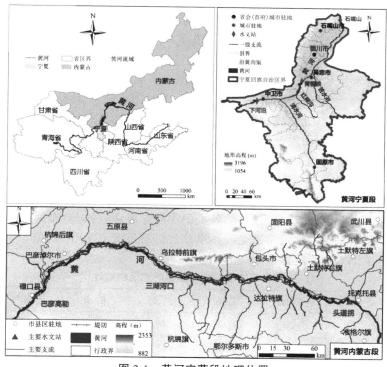

图 2-1　黄河宁蒙段地理位置

表 2-1　黄河宁蒙段不同河段基本特性

河段	河型	河长（km）	平均河宽（m）	主槽宽（m）	比降（‰）	弯曲率
南长滩—下河沿	峡谷型	62.7	200	200	0.87	1.80
下河沿—仁存渡	非稳定分汊型	161.5	1 700	400	0.73	1.16
仁存渡—头道墩	过渡型	70.5	2 500	550	0.15	1.21
头道墩—石嘴山	游荡型	86.1	3 300	650	0.18	1.23
石嘴山—乌达公路桥	峡谷型	36.0	400	400	0.56	1.50
乌达公路桥—三盛公	过渡型	105.0	1 800	600	0.15	1.31
三盛公—三湖河口	游荡型	220.7	3 500	750	0.17	1.28
三湖河口—昭君坟	过渡型	126.4	4 000	710	0.12	1.45
昭君坟—蒲滩拐	弯曲型	193.8	上段3 000 下段2 000	600	0.10	1.42
蒲滩拐—马栅	峡谷型	141.1				

2.1.2　河流水系

黄河宁蒙段区域水系主要包括黄河干流、支流水系及众多灌溉渠系、排水沟,其中较大支流水系包括左岸昆都仑河、大黑河、五当沟、水涧沟、美岱沟、万家沟等,右岸清水河、苦水河、红柳沟、都思兔河、鄂尔多斯市十大孔兑(毛不拉孔兑、卜尔色太沟、黑赖沟、西柳沟、罕台川、壕庆河、哈什拉川、母花沟、东柳沟、呼斯太河),以及乌梁素海和哈素海两大淡水湖泊。支流水系多为季节性多泥沙河流,由于流域植被差、土质松,胶结能力差,河道比降大、水流急、含沙量高,汛期暴雨易造成水土流失,十大孔兑暴发山洪挟带大量泥沙垂直冲入黄河,易在入黄口处形成沙堆,导致主槽摆动偏移、河势变化大、弯曲度增加。由于支流基流量小,夏季暴雨山洪量小峰高、洪水过程短,冬季凌汛期支流基本干涸,对黄河干流凌洪流量影响甚微。

为了满足黄河两岸大型灌区内灌溉引水和排水需要,沿岸大堤建有各种穿堤建筑物1 215座,包括大黑河、河套灌区总干渠三闸退水、哈素海水库泄水渠挡黄闸和总排干出口挡黄闸等4座大型穿堤建筑物以及其他各类中小型穿堤建筑物,分布情况如表2-2所示。穿堤建筑物尤其是无闸控堤段常遭受凌汛洪水冲蚀冻胀破坏与倒灌风险,穿堤沟渠引退水亦将对下游凌汛封河形势造成一定影响。

表 2-2　黄河宁蒙段中小型穿堤建筑物统计[233]　　　　　　　（单位:座）

河段	岸别	渠涵	沟涵	桥涵	进水闸	合计
下河沿至青铜峡	左岸	109	46	4	1	160
	右岸	106	15	1	3	125
	小计	215	61	5	4	285

续表 2-2

河段	岸别	渠涵	沟涵	桥涵	进水闸	合计
青铜峡至仁存渡	左岸	8	57	3		68
	右岸	3	26	1		30
	小计	11	83	4	0	98
仁存渡至头道墩	左岸	165	51	7		223
	右岸	107	40	3		150
	小计	272	91	10	0	373
头道墩至石嘴山	左岸	96	16	12		124
	右岸	12	8			20
	小计	108	24	12	0	144
乌达公路桥至三盛公	左岸				6	6
	右岸				3	3
	小计				9	9
三盛公至三湖河口	左岸				100	100
	右岸				58	58
	小计				160	160
三湖河口至昭君坟	左岸				29	29
	右岸				28	28
	小计				57	57
昭君坟至蒲滩拐	左岸				44	44
	右岸				47	47
	小计				92	92
全河段	左岸合计	378	170	26	180	754
	右岸合计	228	89	5	139	461
	两岸总计	606	259	31	319	1 215

2.1.3 　水文气象

黄河宁蒙段属于中温带干旱区大陆性气候,干旱少雨、风大沙多、日照充足、蒸发强烈,冬寒长、春暖快、夏热短、秋凉早,年温差及日温差较大,无霜期短而多变,干旱、冰雹、大风、沙尘暴、霜冻、局地暴雨洪涝及凌汛等灾害性天气比较频繁。根据黄河宁夏段银川、吴忠、中宁、中卫、石嘴山等主要气象站 1971~2012 年气象资料统计,该地多年平均降水量 185~212 mm,主要集中在 7、8、9 三个月,占全年降水量的 60%~70%;多年平均气温 8.8~9.4 ℃,极端最高气温 38.9 ℃,极端最低气温-28.2 ℃;年平均日照时数 2 906~3 072 h,

日照率在 65% 以上;大风日数 10.6~20.9 d,最大冻土深度 80~90 cm,最大积雪厚度 8~15 cm。根据黄河内蒙古段海勃湾、磴口、临河、五原、乌拉特前旗、包头、土默特右旗、达拉特旗、托克托县等气象站 1961~1998 年气象资料统计,该地区年平均降水量 145.8~356.1 mm,汛期 7~10 月降水量占全年的 69%~75%,最大 1 d 降水量为 46.3~146 mm;年平均气温 6.5~9.1 ℃,最高气温 38.1~40.2 ℃,最低气温-30.8~-37.4 ℃,年平均蒸发量 1 784.9~3 286.9 mm;历年最大冻土深度 1.08~1.78 m,最大风速 19~24 m/s,春秋两季大风频繁,风沙严重。受上下游纬度及温度差异影响,黄河宁蒙段冬季流凌、封河不同步,春季自上而下顺次开河,常造成凌汛灾害。

黄河宁蒙段上游至下游沿程建有下河沿、青铜峡、石嘴山、巴彦高勒、三湖河口、昭君坟、头道拐等重要水文站、水位站与视频站,主要观测该河段不同断面位置水位、流量、泥沙和水温等信息。下河沿水文站作为黄河宁蒙段入境控制站,其 1951~2012 年历年实测水沙量变化过程如图 2-2 所示,分析可知:该河段入境水沙量年际变化较大,水量与沙量均呈现总体减小趋势,且沙量减小速率更大。最大年来沙量为 4.41×10^8 t(1958年),是最小年来沙量 2.21×10^7 t(2003 年)的 19.95 倍;最大年来水量为 5.09×10^{10} m^3(1966 年),是最小年来水量 1.89×10^{10} m^3(1996 年)的 2.69 倍。以单位流量悬移质泥沙含量 ξ($\xi = S/Q$,kg·s/m^6,式中:S 为悬移质含沙量,kg/m^3;Q 为流量,m^3/s)作为来沙系数,表征黄河宁蒙段来水来沙条件协调性,ξ 的大小和变化情况决定了泥沙输移及河道淤积量变化特性。下河沿水文站 1951~2012 年历年来沙系数 ξ 统计结果如图 2-2 所示,分析可知:ξ 年际变化较大,整体呈现逐年减小趋势,ξ 最大值发生于 1959 年,为 0.017 2 kg·s/m^6,ξ 最小值发生于 2011 年,为 0.001 0 kg·s/m^6。随着黄河宁蒙段上游水库建成使用和气候变化,该河段水沙关系发生变异并表现为非协调性变化。20 世纪 80 年代以前,黄河宁蒙段多年冲淤基本平衡,主河槽能够保持一定的泄洪输沙能力,随后在人类活动与气候变化的双重影响下,黄河宁蒙段上游来水量、汛期输沙量和造床洪峰流量均大幅减少,主河槽淤积萎缩日趋严重,平滩流量逐渐减少,黄河宁蒙段输水输沙能力总体下降。

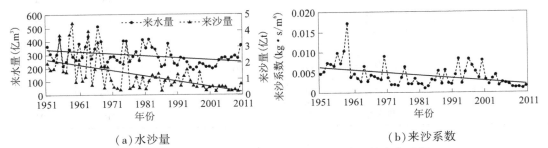

(a)水沙量　　　　　　　　　　　　　(b)来沙系数

图 2-2　下河沿水文站历年实测水沙量与来沙系数变化过程

2.2　防洪防凌工程

黄河宁蒙段已建成较为完善的防洪防凌工程体系,由上下游水库、堤防、河道整治工程(控导工程与险工险段工程)、应急分凌区等组成,总体形成了"上控—中分—下排"的防凌调度方案。

2.2.1　水库工程

黄河宁蒙段防凌调度主要控制性水利枢纽工程,自上游至下游分别是龙羊峡、刘家峡、海勃湾和万家寨水库,沙坡头、青铜峡和三盛公水库防凌调节能力较弱。黄河宁蒙段重要水库及主要水文测站分布如图 2-3 所示。

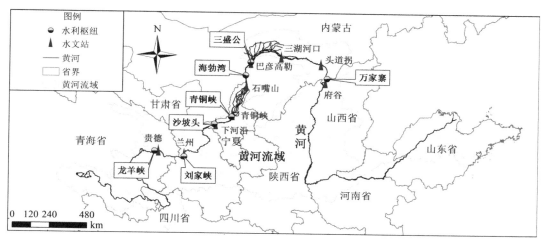

图 2-3　黄河宁蒙段防凌调度控制性水利枢纽与水文站分布

水库防凌调度是黄河宁蒙段凌汛灾害防御的重要非工程措施,多座水库联合防凌科学调度对该河段防凌减灾、安度凌汛至关重要。基本思路是:流凌封河期,适当增加河道流量,提高冰凌运动速率和输移动力,延缓封河时间,保障封河冰盖下拥有较大的输水排冰能力,削弱冰塞冰坝凌汛灾害形成条件;稳定封冻期,适时减小下泄量并调节上游水库下泄流量均匀变化,减小泄流波动性,减小槽蓄水增量、降低流速,利于河流平封,避免产生冰塞冰坝险情;开河期,减小上游水库泄流量,降低凌峰流量,以防流量过大、水鼓冰开,造成冰塞冰坝凌汛灾害,同时降低下游水库水位,保障凌汛洪水顺利下泄,确保凌汛安全。

黄河宁蒙段防凌减灾主要控制性水利枢纽基本情况及联合防凌调度规则如表 2-3 所示。

表 2-3　黄河宁蒙段主要控制性水利枢纽联合防凌调度基本运行规则统计

序号	水库名称	基本情况	防凌调度规则
1	刘家峡	刘家峡水库坐落于甘肃省永靖县,控制流域面积 18.2 万 km²,总库容 57 亿 m³,有效库容 41.5 亿 m³,具有防洪、防凌、发电、灌溉、供水等功能	在龙羊峡与刘家峡联合调控基础上,刘家峡承担凌汛期泄量控制作用,该时期发电服从防凌,凌汛调度期为 11 月至翌年 3 月,按月计划旬安排调度,下泄流量按旬均流量严格控制,避免日出库流量忽大忽小,日均流量变幅不超过旬平均流量的 10%;封河前期,出库流量为 600~700 m³/s 达到头道拐水文站设计封河流量 500~550 m³/s;稳定封河期,控制出库流量由 700 m³/s 逐步向开河期流量均匀递减;开河期,进一步减小出库流量,一般控制兰州站断面流量不大于 500 m³/s

续表 2-3

序号	水库名称	基本情况	防凌调度规则
2	海勃湾	海勃湾水利枢纽坐落于内蒙古乌海市境内,控制流域面积31.34万 km²,总库容4.59亿 m³,具有防凌、发电、防洪等综合效益	在刘家峡水库防凌调度基础上,就近调蓄刘家峡水库凌汛期难以控制的水量。流凌封河期,按600~800 m³/s的流量控制下泄或向下游补水;稳封期,根据上游来水和下游封河形势,相机控制泄量,避免流量波动性大;开河期,按进出库平衡或300~500 m³/s控制下泄流量,减少动力因素致灾
3	万家寨	万家寨水库坐落于托克托至龙口河段峡谷内,左右岸分别为山西偏关县和内蒙古准格尔旗,控制流域面积39.48万 km²,总库容8.96亿 m³,以供水、调峰发电为主,兼具防洪防凌综合效益	流凌封河期,水库水位一般控制在968~970 m;稳定封河期,若水库库尾无较大凌汛灾害险情,为充分提高水能利用率,尽量发挥电站经济效益,控制水库水位在975 m左右;开河期,以防凌安全为主,提前降低水库水位至965~970 m,如遇较严重凌情,紧急情况下应降至965 m以下,确保凌汛洪水顺畅排泄。(参考2007~2008和2018~2019两年度凌汛期实际防凌调度过程)

2.2.2　分凌区工程

黄河宁蒙段共建有六座分凌区,主要用于凌汛期紧急情况下应急削减洪峰、分蓄冰凌洪水,保障下游河段防凌安全,分凌区基本情况如表2-4所示。

表 2-4　黄河宁蒙段分凌区基本情况与启用规则

序号	分凌区名称	基本情况	启用规则(参考2010年以来防凌预案)
1	河套灌区及乌梁素海分凌区	利用三盛公水利枢纽向总干渠、沈乌干渠及8条输水干渠分引冰凌洪水,蓄滞在乌梁素海及河套灌区周边湖泊,最大分洪量1.61亿 m³,其中乌梁素海分洪1.05亿 m³	1.河套灌区及乌梁素海分凌区和乌兰布和分凌区负责黄河内蒙古全河段防凌。 2.启用条件(其一): (1)拦河闸下游部分河段发生卡冰壅水,水位有上涨趋势或已经开始上涨,高水位危及堤防安全。 (2)拦河闸下游堤防发生较为严重险情。 (3)内蒙古河段槽蓄水增量超过龙—刘水库联合调度以来多年均值(1987~2008年均值为13.8亿 m³)的20%,即16.6亿 m³。 (4)出现其他特殊紧急情况,需通过分洪措施减轻冰凌灾害
2	乌兰布和分凌区	位于黄河左岸巴彦淖尔市磴口县粮台乡境内,面积230 km²,分洪口位于三盛公水利枢纽拦河闸上游19.4 km的库区围堤上,最大分洪流量273 m³/s,最大分洪量1.17亿 m³	

续表 2-4

序号	分凌区名称	基本情况	启用规则（参考 2010 年以来防凌预案）
3	杭锦淖尔分凌区	位于黄河右岸鄂尔多斯市杭锦淖尔乡境内，与三湖河口水文站相距 20.6 km，面积 44.07 km²，分洪闸最大分洪流量 690 m³/s，最大分洪量 8 243 万 m³，退水闸退水流量 158 m³/s	1.杭锦淖尔、蒲圪卜、昭君坟和小白河分凌区负责相关河段的应急分凌。2.启用条件（其一）：（1）分洪闸上下游 50 km 河段范围内，出现严重险情或堤防发生溃堤。（2）分洪闸下游 30 km 河段范围内出现卡冰壅水，高水位危及堤防安全需减少流量、降低水位。（3）分洪闸上下游 50 km 河段范围内，水位距防洪堤顶不足 1.5 m。（4）上游出现冰坝，通过破冰解除冰坝或冰坝自溃，可能在此河段出现较高水位，危及堤防安全。（5）出现其他特殊紧急情况，需通过分洪措施减轻冰凌灾害。3.当内蒙古河段凌情、险情结束，河道水位满足退水条件时，杭锦淖尔、蒲圪卜、昭君坟和小白河分凌区要及时向黄河退水
4	蒲圪卜分凌区	位于黄河右岸鄂尔多斯市达拉特旗恩格贝镇境内，蓄水面积 13.77 km²，分洪闸最大分洪流量 238 m³/s，最大分洪量 3 090 万 m³，退水闸退水流量 85 m³/s	
5	昭君坟分凌区	位于黄河右岸内蒙古鄂尔多斯市达拉特旗昭君镇境内，面积 19.93 km²，分洪闸最大分洪流量 483 m³/s，最大分洪量 3 296 万 m³，退水闸退水流量 17.14 m³/s	
6	小白河分凌区	位于黄河左岸包头市稀土高新区万水泉镇和九原区境内，面积 11.77 km²，分洪闸最大分洪流量 460 m³/s，最大分洪量 3 436 万 m³，退水闸退水流量 77 m³/s	

2.2.3　堤防工程

根据国务院批复的《黄河流域防洪规划》（2008 年），黄河宁蒙段堤防工程规划：下河沿—三盛公河段，左、右岸防洪标准为 20 年一遇，堤防工程级别均为 4 级；三盛公—蒲滩拐河段，左岸防洪标准为 50 年一遇，堤防级别为 2 级，右岸防洪标准为 30 年一遇，其中达拉特旗电厂附近 67.74 km 堤防级别为 2 级，其余堤段为 3 级。黄河宁蒙段堤防保护范围基本情况统计如表 2-5 所示。

表 2-5　黄河宁蒙段堤防保护范围基本情况统计（2015 年）

岸别	河段	保护范围（km²）	保护耕地（万亩）	保护人口（万人）
左岸	下河沿—青铜峡	147	16.50	9.29
	青铜峡—石嘴山	611	67.40	37.77
	都思图河汇口—三盛公	98	3.90	2.20
	三盛公—喇嘛湾拐上	7 623	1 023.11	357.40
	小计	8 479	1 110.91	406.66

续表 2-5

岸别	河段	保护范围（km²）	保护耕地（万亩）	保护人口（万人）
右岸	下河沿—青铜峡	118	13.80	6.55
	青铜峡—石嘴山	332	37.30	26.54
	都思图河汇口—三盛公	173	10.39	5.33
	三盛公—喇嘛湾拐上	1 517	177.13	42.40
	小计	2 140	238.62	80.82
合计		10 619	1 349.53	487.48

　　黄河宁夏段堤路结合工程实施后,整体以防洪标准 20 年一遇、4 级堤防为主,其中吴忠市区段右岸堤防、青铜峡市陈袁滩段左岸堤防和银川市兴庆区段堤防,考虑城市防洪要求,防洪标准为 50 年一遇、3 级堤防。目前共建有堤防工程 430.42 km,其中左岸堤防 266.17 km、右岸堤防 164.25 km。按河段划分,卫宁河段堤防长 169.14 km(左岸 83.02 km、右岸 86.12 km);青石河段堤防长 261.28 km(左岸 183.15 km、右岸 78.13 km),堤防参数统计如表 2-6 所示。

表 2-6　黄河宁夏段堤防参数统计

岸别	堤段名称	起止桩号	堤防长度（km）	堤顶宽度（m）	堤坡	说明
左岸	下河沿—青铜峡	WNZ(0+000—1+510)	1.51	6	1:1.5~1:2	老堤
		WNZ(1+510—78+924)	77.41	13~19	1:2	堤路结合
		WNZ(78+924—83+023)	4.10	6	1:1.5~1:2	老堤
	青铜峡—仁存渡	QSZ(0+000—34+276)	34.28	26	1:2	堤路结合
	仁存渡—头道墩	QSZ(34+276—107+801)	73.52	26	1:2	堤路结合
	头道墩—石嘴山	QSZ(107+801—183+149)	75.35	26	1:2	堤路结合
	小计		266.17			
右岸	下河沿—青铜峡	WNY(0+000—17+340)	17.34	4~6	1:1.5~1:2	老堤
		WNY(17+340—84+016)	66.68	13~19	1:2	堤路结合
		WNY(84+016—86+120)	2.10	6	1:1.5~1:2	老堤
	青铜峡—仁存渡	QSY(0+000—36+407)	36.41	26	1:2	堤路结合
	仁存渡—头道墩	QSY(36+407—66+424)	30.01	26	1:2	堤路结合
	头道墩—石嘴山	QSY(66+424—67+320)	0.90	6	1:1.5~1:2	老堤
		QSY(67+320—78+134)	10.81	6	1:1.5~1:2	老堤
	小计		164.25			
合计			430.42			

黄河内蒙古段干流堤防长 986.73 km,加上海勃湾枢纽库区堤防 22.24 km(左岸 17.96 km、右岸 4.28 km),共有堤防长度 1 008.97 km,其中连续堤段主要分布在三盛公水利枢纽以下平原河道两岸,石嘴山至三盛公库区两岸堤防为不连续分布。黄河内蒙古段堤防标准如表 2-7 所示,堤防参数统计如表 2-8 所示。

表 2-7 黄河内蒙古段不同河段堤防标准

岸别	河段	防洪标准(年)	堤防级别
左岸	石嘴山—三盛公库尾	20	4
	三盛公库区	100	1
	三盛公坝址—包头东河区段	50	2
	土默特右旗—托克托县	50	2
	清水河段	30	3
右岸	石嘴山—三盛公库尾	20	4
	三盛公坝址—西柳沟左岸段	30	3
	西柳沟右岸—哈什拉川左岸	50	2
	哈什拉川右岸—蒲滩拐段	30	3
	蒲滩拐—喇嘛湾	30	3

表 2-8 黄河内蒙古段堤防参数统计

岸别	河段	所在盟市	所在旗县	堤防长度(km)	堤顶宽度(m)	堤坡
左岸	海勃湾枢纽—三盛公	阿拉善盟	阿拉善左旗	33.81	4	1:3
		巴彦淖尔市	磴口县	19.70	9~16	1:3
	三盛公—三湖河口	巴彦淖尔市	磴口县	24.65	8	1:3
			杭锦后旗	13.87	8	1:3
			临河区	46.31	8~27.5	1:3
			五原县	58.22	8	1:3
			乌拉特前旗	69.41	8	1:3
	三湖河口—昭君坟	巴彦淖尔市	乌拉特前旗	63.47	8	1:3
		包头市	九原区	30.04	8	1:3
	昭君坟—蒲滩拐	包头市	九原区	9.40	8	1:3
			高新区	13.71	6~8	1:3
			东河区	29.96	6~8	1:3
			土默特右旗	77.95	4.5~8	1:2.7~1:3
		呼和浩特市	托克托县	21.13	6~8	1:2.5~1:3

续表 2-8

岸别	河段	所在盟市	所在旗县	堤防长度（km）	堤顶宽度（m）	堤坡
左岸	蒲滩拐—喇嘛湾拐上	呼和浩特市	清水河县喇嘛湾	5.10	3.1~3.9	1:2.5
	小计			516.73		
右岸	乌达公路桥—三盛公	乌海市	海勃湾	9.44	4	1:2.5
		鄂尔多斯市	鄂托克旗	12.40	4~6	1:3
			黄河工程管理局	2.95	6	1:3
	三盛公—三湖河口	鄂尔多斯市	杭锦旗	184.73	6~9	1:3
	三湖河口—昭君坟	鄂尔多斯市	杭锦旗	32.35	8~9	1:3
			达拉特旗	67.50	6~12	1:3
	昭君坟—蒲滩拐	鄂尔多斯市	达拉特旗	99.98	6~12	1:3
			准格尔旗	51.14	3.6~10	1:3
	蒲滩拐—喇嘛湾拐上	鄂尔多斯市	准格尔旗	9.51	12	1:3
	小计			470.00		

2.2.4　河道整治工程

河道整治工程是有效控制河势、规顺河槽、减免沿河两岸坍塌的重要工程措施，根据《黄河宁蒙河段近期防洪工程建设可行性研究报告》，黄河宁蒙段整治河长为 869.50 km，共规划布设河道整治工程 224 处，包括险工工程 59 处、控导护滩工程 165 处，工程总长度 513.33 km，占河道整治长度的 59.04%，坝垛护岸总数 5 387 道，工程总体规划及空间分布如表 2-9 所示。

表 2-9　黄河宁蒙段河道整治工程总体规划及空间分布

河段	整治河长（km）	险工工程（处）	控导工程（处）	工程长度（km）	坝垛数（道）新建	坝垛数（道）现状（2008 年）	工程长占整治长（%）
下河沿—仁存渡	121.6	21	35	76.99	480	260	63.31
仁存渡—头道墩	70.5	1	20	46.66	383	93	66.18
头道墩—石嘴山	86.1	6	15	52.23	411	100	60.66
乌达公路桥—三盛公	50.4	3	10	29.57	239	74	58.67
三盛公—三湖河口	220.7	10	42	151.72	1 039	628	68.74
三湖河口—昭君坟	126.4	7	16	60.55	541	111	47.90
昭君坟—蒲滩拐	193.8	11	27	95.61	692	336	49.33
全河段	869.5	59	165	513.33	3 785	1 602	59.04

2.3　历史凌汛灾害

受特殊地理地形环境影响,黄河宁蒙段水流由低纬度流向高纬度且受阴山山脉影响,冬季气温上暖下寒,封河自下而上;翌年春季气温南高北低,开河自上而下。流凌封河期,下游先封河,水流阻力加大,上段流凌易在封河处产生冰塞,壅水漫滩,严重时造成堤防决口;开河期,上游先开河,下游处于封冻状态,上游大量冰水沿程汇集流向下游,极易在弯曲、狭窄河段卡冰结坝,壅高水位,造成凌汛灾害。据不完全统计,黄河宁蒙段 1950 年以来共发生较大凌汛灾害 100 余次,主要分布在三湖河口至头道拐河段,其中 1950~1968年(刘家峡运行前),平均每年 1 次,年均直接经济损失 15.12 万元;1969~1986 年(龙羊峡运行前),平均 1.6 年 1 次,年均直接经济损失 1 182.22 万元;1987~2008 年,平均每年 3 次凌汛灾害,年均直接经济损失 8 546.19 万元。黄河宁蒙段 1986 年后典型凌灾情况如表 2-10 所示。

表 2-10　黄河宁蒙段 1986 年后典型凌灾情况统计

序号	典型年度	凌情及凌灾情况描述
1	1988~1989	五原县与磴口县河段发生冰塞,磴口县防洪大堤渗水管涌破坏
2	1989~1990	凌汛期气温偏高,流凌时间长,封冻推迟。封河流量约 800 m³/s。1989 年汛期黄河右岸十大孔兑入黄口形成沙坝,至开河期间仍未全部消除。封冻期间达旗大树湾和准格尔旗马栅发生冰塞,11 个村受灾。1990 年 2 月 6 日,由于包神铁路卡冰结坝,凌汛水位距堤顶 30 cm,致使堤防决口,凌洪淹没耕地 1 333 余 hm²,受灾 2 842 人
3	1990~1991	1991 年 3 月下旬开河期,冰凌拥塞致使三湖河口以下 10 多处发生卡冰结坝,凌洪水位壅高,滩地漫溢淹没,部分民堤决口,民房、泵站、引水渠被淹,造成凌灾险情
4	1993~1994	1993 年 12 月 6 日,冷空气入侵降幅大、封河相对较早,黄河磴口段封河期发生了严重冰塞,三盛公闸下水位急剧上升超过了 1 000 年一遇洪水位,造成闸下左岸堤防决口,淹没面积 80 km²,1.3 万人被迫搬迁,直接经济损失 4 000 万元
5	1994~1995	1994 年 12 月,乌海市防洪堤决口,淹没农田 558.87 hm²,受灾 1 653 人,直接经济损失约 1 676 万元
6	1995~1996	1996 年 3 月 5 日,乌海市黄柏茨湾河段发生冰坝,冰坝长 7 km,堆冰高 4~5 m,水位迅速上涨 2~3 m,堤防 4 处决口。3 月 25 日,三湖河口—昭君坟河段发生冰坝,水位猛涨,造成水位漫顶,堤防 2 处决口,受灾 7 234 人,淹没耕地 7 120 hm²,倒塌房屋 3 061 间,直接经济损失 7 760 万元

续表 2-10

序号	典型年度	凌情及凌灾情况描述
7	1997~1998	1998 年 3 月 3 日,由于河道槽蓄水量偏大、开河发展快、河道流量大、水位高,大量居民房屋进水,受灾 8 487 人,淹没耕地 87 hm², 损坏房屋 1 708 间,破坏堤防 152 km,直接经济损失 3 826 万元
8	1998~1999	1998 年 12 月 4 日,包头市郊南海子河段首封。流凌封河期间,龙刘水库联合调控下泄流量较往年同期大 100~200 m³/s,使得下游河道过流能力小,凌洪水位高,昭君坟以上河段近 320 km 堤防偎水,多处管涌、局部出现严重渗漏破坏
9	2000~2001	2000 年 11 月 16 日,包神铁路下游首封,封河期间,包神铁路上游水位较常年普遍偏高,部分堤段偎水渗水严重,出现塌坡等险情。河段首封后,三湖河口持续 10 多天流量约 750 m³/s,封河堵水河段槽蓄水增量大,封冻段以上水位上涨较快,包头市、乌前旗部分河段大堤偎水深达 1 m。 2001 年 3 月 16 日后气温迅速回升,开河速度加快,导致包头昭君坟以下河段开河水位高,3 月 17 日 8 时昭君坟站水位高达 1 010.06 m,超过 1981 年黄河特大洪水最高水位 0.36 m,昭君坟以下河段大堤普遍偎水,最大偎水深达 3 m,伊盟达旗南岸河段出现近 3 km 的堆冰,冰凌排泄不畅
10	2001~2002	2001 年首封位置在包头市土默特右旗康换营子村,由于封河速度快、气温大幅变化,乌海市河段凌洪水位涨幅 2 m,局部河段出现险情。2001 年 12 月 17 日,乌达区乌兰木头民堤溃决,溃口宽 38 m,4 个村庄遭受灾害,受灾 4 000 余人,直接经济损失达 1.3 亿元
11	2007~2008	2008 年 1 月 28 日,宁夏中宁县石空镇新渠梢河段形成局部冰塞,水位涨幅较大,约 1 km 河段凌洪水位与防洪大堤堤顶持平,防洪堤漫溢长度超 100 m。2 月 8 日,石嘴山至青铜峡河段叶盛黄河大桥附近水位上涨近 3 m,近 20 km 堤防偎水。3 月 20 日 1 时 50 分左右,黄河内蒙古杭锦旗独贵塔拉奎素段堤防发生溃堤险情,5 时 50 分左右,奎素段溃堤处上游约 2 km 处又发生一处溃堤,东侧溃口于 3 月 25 日 17 时顺利合龙堵复,溃堤淹没受灾面积 106 km²,受灾群众 3 885 户、10 241 人,直接经济损失达 6.9 亿元

2.4 社会经济发展

黄河宁蒙段两岸区域是我国西北地区社会经济发展规模较大、灌溉农业发展尤为突出的地方,沿岸建有卫宁灌区、青铜峡灌区、河套灌区及土默川灌区等,宁夏沿黄经济区国土面积 2.87 万 km²,占全区总面积的 43.2%,聚集了全区 60%的人口,全区 75%以上的粮食产量和 90%以上的工业产值均来源于黄河两岸引黄灌区,决定了其在宁夏经济社会发展中极其重要的地位。黄河内蒙古段穿越 6 个市(盟)的 23 个县(旗、区),约 250 万人,农田 69.22 万 hm^2,两岸引黄灌区有效灌溉面积 1 145 万亩,自治区最大的河套灌区、重要工业基地和交通干线均位于黄河两岸,沿岸聚集人口众多,并建有重要引(提)水工程,经济社会及战略地位重要,发展优势明显。随着沿黄社会经济持续快速发展、人文水环境水生态改善以及黄河流域生态保护与高质量发展的推进建设,黄河宁蒙段两岸土地辽阔、地势平坦、环境优越,越来越成为人口聚集与经济高度发达区域,而防凌防洪安全是区域社会经济发展与人民安居乐业的有力保障。

第3章 凌情与凌汛灾害演变特征 及其驱动机制研究

　　黄河宁蒙段位于黄河流域最北端,具有特殊的"几"字形河湾形态与水文气象条件,凌汛灾害频繁发生,并造成严重影响[7-8]。凌汛灾害与热力环境、水流动力因素、河道边界条件及人类活动等密切相关[11,19,28,149],复杂条件变化驱动下黄河宁蒙段凌情与凌汛灾害不断呈现新的演变特征,前人已初步研究了气温变化对凌情特征的影响[20-25],并分析了上游水库防凌调度对黄河宁蒙段洪水过程及凌汛灾害的变化影响[26-27,42-44],但尚未深入揭示复杂条件下黄河宁蒙段凌情与凌汛灾害的演变特征及其驱动机制,因此本章基于黄河宁蒙段近60余年实测水文、气象、凌情、凌汛灾害及防凌工程调度等资料,重点分析凌情变化特征及其影响机制,研究凌汛灾害主要成因与演变特征,以及气温变化、水流条件、分凌区应急调控和河道工程对凌汛灾害的驱动机制,并分析黄河宁蒙段凌汛洪水风险分布特征,为黄河宁蒙段凌汛灾害风险的早期识别与预测评价提供理论依据。

3.1 凌情变化特征及其影响机制

3.1.1 凌情变化特征

　　根据历年凌情资料统计,黄河宁蒙段一般于每年11月中下旬开始流凌,12月上旬开始封河,于翌年3月开河,流凌历时为12~40 d,封冻时长为70~130 d,凌汛期平均冰厚为0.5~0.8 m,最大冰厚可达1.0 m以上。黄河宁蒙段跨越不同纬度带,洪水由低纬度流向高纬度,特殊的地理位置与水文气候条件,导致黄河宁蒙段冬季极易产生凌汛。通常受气温骤降影响,三湖河口至头道拐河段首先出现流凌,当气温、流凌密度、水流动力因素、河床边界等条件适宜时,开始大面积聚集冰块形成封河,并自下游向上游不断发展,直至达到最大封河长度,之后随着气温逐渐回升,自上游至下游顺次开河,封开河过程中冰凌堵塞,壅高水位,从而产生凌汛。凌汛形成及发展过程主要涉及流凌—封河—开河时间、流凌长度与封河长度、冰盖厚度等凌情要素,气候变暖背景下黄河宁蒙段凌情变化的主要特征如下:

　　(1)气温升高波动性大,历年封开河形势变化大,冰盖变薄但沿程增厚。气温是凌情变化的关键影响因素,气候变暖趋势仍在持续加强且波动性较大(见图3-1),而黄河宁蒙段属于全球气候变化的敏感区,由于凌汛期气温波动性升高变化与河道边界条件影响,历年首封位置具有不确定性,封开河形势差异性较大,封开河过程呈现非稳定性变化特征;自上游至下游,冰盖厚度沿程增大,但受气候变暖影响,凌汛期最大冰厚呈现整体变薄趋势,如图3-2所示。

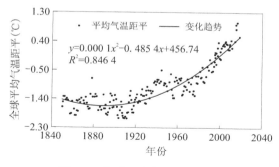

图 3-1　全球平均气温距平统计　　图 3-2　不同测站年均最大冰厚统计

（2）封开河时序相反，流凌与封河日期推迟，开河日期提前，凌汛期多封多开，周期缩短。黄河宁蒙段洪水由上游高纬度流向下游低纬度，气温呈现沿程降低趋势，从而导致封河由下游向上游逆序发展，开河则由上游向下游顺序发展，封开河时序相反；由于气温升高，首凌位置存在向下游移动趋势，流凌与封河日期推迟，开河日期提前，封河时间变短，凌汛周期亦呈缩短趋势，其中巴彦高勒、三湖河口和头道拐站凌汛周期减小速率分别为 0.65 d/a、0.25 d/a 和 0.27 d/a，如图 3-3 和图 3-4 所示；冷暖剧变天气影响下，凌汛期多处封河、多处开河且呈空间间隔分布特征，近 15 年流凌消失又重现、封河长度波动性变化等异常现象发生概率超过 50%，日趋频繁发生。

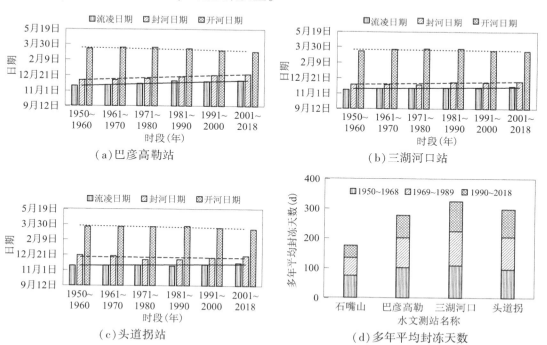

（a）巴彦高勒站

（b）三湖河口站

（c）头道拐站

（d）多年平均封冻天数

图 3-3　不同测站不同时段流凌—封河—开河日期均值和多年平均封冻天数统计

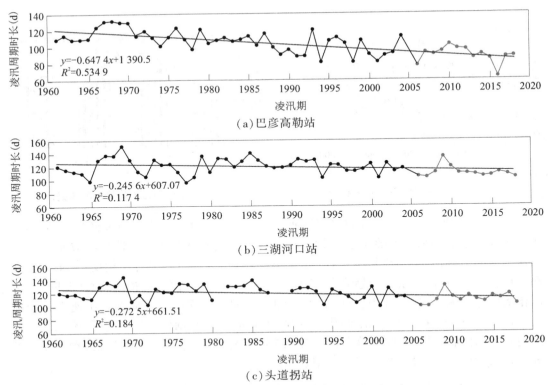

（a）巴彦高勒站

（b）三湖河口站

（c）头道拐站

图 3-4　不同测站历年凌汛周期时长变化过程

3.1.2　凌情变化影响机制

　　凌汛期气温变化是凌情变化的主要影响因素,因此本节根据黄河宁蒙段历史实测水文、气象、凌情等资料,采用最小二乘法研究气温变化对凌情的影响机制,应用皮尔逊相关系数(Pearson correlation coefficient)指标确定不同变量之间的关联程度,利用 F 检验(F-test)方法计算置信区间内的显著性水平。

　　假设 $X = \{x_1, x_2, \cdots, x_n\}$ 和 $Y = \{y_1, y_2, \cdots, y_n\}$ 为两个服从正态分布的独立序列,则两个序列均值分别表示为:

$$\overline{X} = \frac{1}{n} \sum_{i=1}^{n} x_i \qquad (3\text{-}1)$$

$$\overline{Y} = \frac{1}{n} \sum_{i=1}^{n} y_i \qquad (3\text{-}2)$$

则皮尔逊相关系数 r 为:

$$r = \frac{\sum\limits_{i=1}^{n} (x_i - \overline{X})(y_i - \overline{Y})}{\sqrt{\sum\limits_{i=1}^{n} (x_i - \overline{X})^2} \sqrt{\sum\limits_{i=1}^{n} (y_i - \overline{Y})^2}} \qquad (3\text{-}3)$$

　　r 作为两变量间线性相关性的度量参数,取值区间为 $[-1, 1]$,其中 $r>0$ 代表两变量正相关,$r<0$ 代表两变量负相关,$|r| = 1$ 代表完全相关,$r = 0$ 代表完全不相关,$|r|$ 越

接近 1 代表两变量相关程度越高。关于凌情特征与气温变化的关联程度,确定 4 级判别标准,如表 3-1 所示。

表 3-1 不同变量关联程度判别标准

序号	皮尔逊相关系数 r 取值区间	关联程度
1	$0.0 < |r| \leq 0.3$	微弱相关
2	$0.3 < |r| \leq 0.5$	低度相关
3	$0.5 < |r| \leq 0.8$	显著相关
4	$0.8 < |r| \leq 1.0$	高度相关

F 检验方法判别两变量相关关系显著性水平的计算公式如下:

序列 $X = \{x_1, x_2, \cdots, x_n\}$ 和 $Y = \{y_1, y_2, \cdots, y_n\}$ 的方差分别为:

$$S_X^2 = \frac{1}{n-1} \sum_{i=1}^n (x_i - \overline{X})^2 \qquad (3-4)$$

$$S_Y^2 = \frac{1}{n-1} \sum_{i=1}^n (y_i - \overline{Y})^2 \qquad (3-5)$$

则 $F(n-1, n-1)$ 分布表达为:

$$F = \frac{S_X^2}{S_Y^2} \qquad (3-6)$$

F 检验 ρ 计算公式为(c 为拒绝域的分界点,即临界值):

$$\rho(F < c) < \alpha, \alpha = 5\% \text{ 或 } \alpha = 1\% \qquad (3-7)$$

F 检验显著性判别标准:若 $\rho < 0.01$,则说明显著性水平为 0.01,统计变量在 99% 的置信区间内显著相关;若 $\rho < 0.05$,则说明显著性水平为 0.05,统计变量在 95% 的置信区间内显著相关。

3.1.2.1 黄河宁蒙段凌汛期气温时空变化特征

1.上下游气温空间变化特征

黄河宁蒙段石嘴山、巴彦高勒、三湖河口与头道拐站凌汛期多年月均气温与日均气温如图 3-5 所示。黄河宁蒙段自上游至下游凌汛期平均气温逐渐降低,导致封河时序为下游至上游,开河时序为上游至下游,从而造成凌汛现象年年发生;凌汛期月均气温由低至高排序为:1 月<12 月<2 月<11 月<3 月,通常 12 月至翌年 2 月累积气温最低,3 月气温最高,气温变化对开河速率及开河形势影响较大;凌汛期日均气温波动性大,存在冷暖剧变现象。

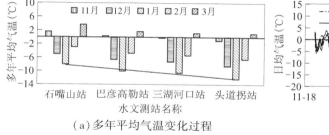

(a)多年平均气温变化过程

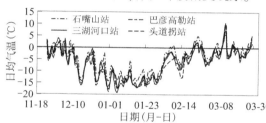

(b)日均气温变化过程

图 3-5 不同测站多年月均气温和凌汛期日均气温变化过程

2.气温随时间变化特征

黄河宁蒙段主要测站年、月、旬和日尺度凌汛期气温均值及其变化趋势如图3-6、图3-7所示。从年尺度和月尺度角度分析,不同测站凌汛期气温随时间整体升高,气温升幅排序为:三湖河口站(0.059 ℃/a)>巴彦高勒站(0.052 ℃/a)>头道拐站(0.046 ℃/a)。从旬尺度角度分析,凌汛期气温呈先降后升"U"形变化过程,1月中旬气温最低,不同测站凌汛期各月旬均气温呈升高趋势。从日尺度角度分析,凌汛期日均气温变化波动性较大,存在突升骤降、冷暖剧变现象;对比2010年与2014年、2018年凌汛期同日气温变化过程,1月和3月同日气温呈现明显上升趋势,凌汛期气温升高,对凌情变化影响较大。

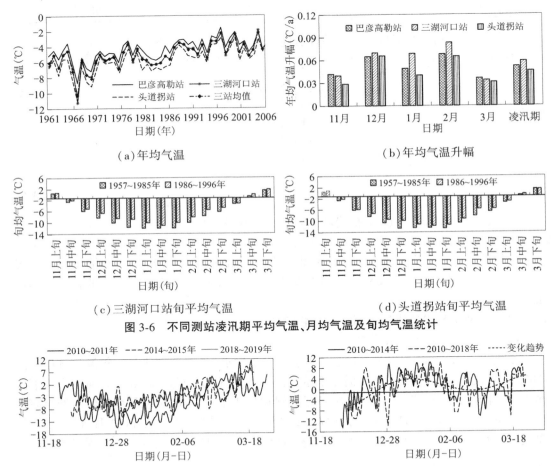

(a)年均气温 (b)年均气温升幅

(c)三湖河口站旬平均气温 (d)头道拐站旬平均气温

图3-6 不同测站凌汛期平均气温、月均气温及旬均气温统计

(a)日均气温变化 (b)不同年度同日气温变化

图3-7 凌汛期日均气温变化过程

3.1.2.2 气温变化对流凌、封河与开河时间的影响

1.流凌日期、封河日期与开河日期

根据1960年以来巴彦高勒和三湖河口站流凌日期、封河日期与开河日期以及日均气温变化情况,将不同测站日均气温的平均值作为凌汛期平均气温,建立流凌—封河—开河日期与凌汛期平均气温的相关关系,如图3-8所示,其中11月1日的日序为1,11月2日

的日序为 2,以此类推。流凌日期、封河日期与凌汛期平均气温正相关,开河日期与之负相关,与文献[21]、[22]和[24]的研究结论相似,说明气候变暖背景下流凌和封河时间推迟、开河时间提前,凌汛周期缩短。

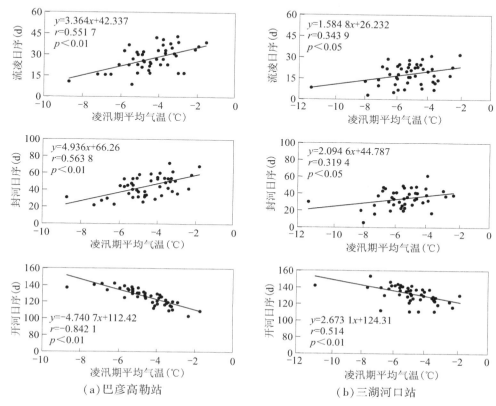

图 3-8　不同测站流凌—封河—开河日序与凌汛期平均气温相关关系

2.流凌时长、封冻时长与凌汛周期

根据 1960 年以来巴彦高勒站流凌日期、封河日期和开河日期,计算对应的流凌时长、封冻时长和凌汛周期,建立不同年尺度下流凌时长、封冻时长、凌汛周期与凌汛期平均气温的相关关系,如图 3-9 所示。不同尺度下,不同测站流凌时长均与凌汛期平均气温呈正相关,而封冻时长、凌汛周期时长则与之呈负相关,这与文献[23]和[24]的研究结论相似,说明气候变暖下流凌时长增加,封冻时长与凌汛周期缩短。

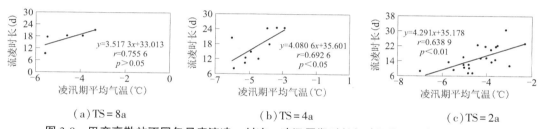

图 3-9　巴彦高勒站不同年尺度流凌—封冻—凌汛周期时长与凌汛期平均气温相关关系

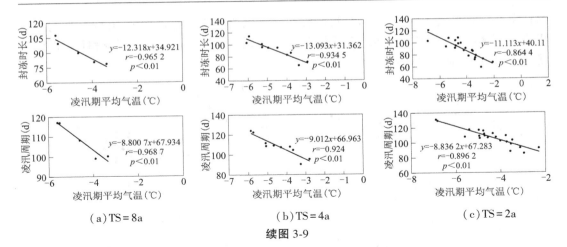

（a）TS=8a　　　　　　　（b）TS=4a　　　　　　（c）TS=2a

续图 3-9

3.1.2.3　气温变化对流凌长度与封河长度的影响

1. 日均流凌长度

根据黄河宁夏段 2017~2018 年度和 2018~2019 年度凌汛期日均气温与日均流凌长度变化过程，从石嘴山站流凌前 1 天日均气温开始统计逐日累积负气温，建立不同年度日均流凌长度与气温及累积负气温变化的关联曲线，如图 3-10 所示。流凌过程日均气温整体呈先降低后升高或全过程缓慢升高的变化趋势，流凌长度则对应呈现先增大后减小的变化趋势，两者变化趋势基本相反。在累积负气温相同条件下，流凌长度与气温升降变化量关联紧密，流凌长度与气温降幅整体呈现波峰波谷正对状态，即负气温累积效应比较明显，当气温降幅增大至峰值时，流凌长度降至极小值，而当气温降幅减小至极小值时，流凌长度增至峰值。

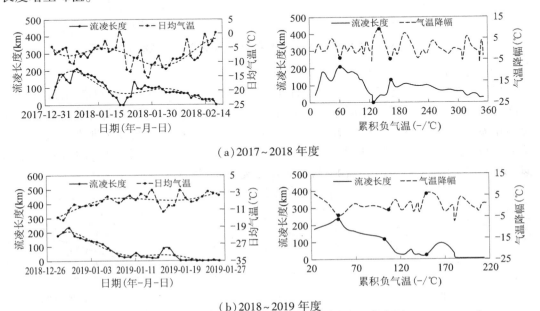

（a）2017~2018 年度

（b）2018~2019 年度

图 3-10　不同年度日均流凌长度与气温及累积负气温变化关联曲线

2.日均封河长度

根据黄河宁蒙段2018~2019年度凌汛期日均封河长度和日均气温变化过程,建立日均气温变化对日均封河长度的影响关系曲线,如图3-11所示。考虑日均负气温累积效应,从封河前1天石嘴山站日均气温开始统计黄河宁夏段逐日累积负气温,建立黄河宁夏段封河长度及其变化量与日均气温、累积负气温的关联曲线,如图3-12所示。封开河期间日均气温整体呈现波动性升高趋势,存在短时升温或降温过程,并在开河后期升高至零上;封河长度逐渐增加至最大值,并长期保持不变,之后由于气温升高影响,封河长度逐渐减小,直至全河段开河畅通。封河长度明显增大的转折点,通常对应于气温降幅波峰点,说明气温降幅越大,封河长度增加趋势越明显;稳封期起点和终点,一般对应于气温降幅波谷点,说明气温降幅越小(负值,常为升温),封河长度减小或趋于稳定;开河后期出现累积负气温绝对值减小趋势,说明气温短期内转为零上,将加快开河速率。

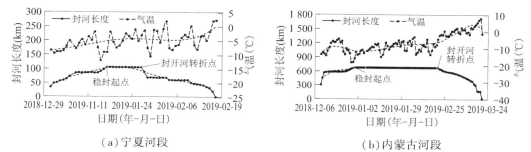

（a）宁夏河段 （b）内蒙古河段

图 3-11 凌汛期日均封河长度与日均气温变化过程曲线(以 2018~2019 年度为例)

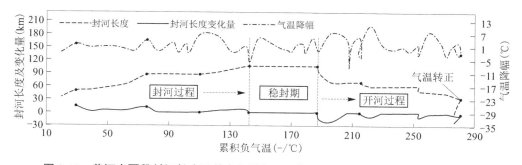

图 3-12 黄河宁夏段封河长度及其变化量与日均气温(降幅)和累积负气温关联曲线

3.凌汛期最大封河长度

根据磴口、包头和托县三个气象站历年凌汛期平均气温,将同年度三站气温均值作为当年凌汛期平均气温,建立黄河宁蒙段最大封河长度与凌汛期平均气温及累积负气温的关联关系,如图3-13和图3-14所示。黄河宁蒙段历年最大封河长度与凌汛期平均气温或累积负气温变化曲线基本呈现波峰波谷相对态势,具有此升彼降的变化规律,从回归分析和F检验结果看出,封河长度与凌汛期平均气温、累积负气温均呈低度负相关关系,置信度为95%。

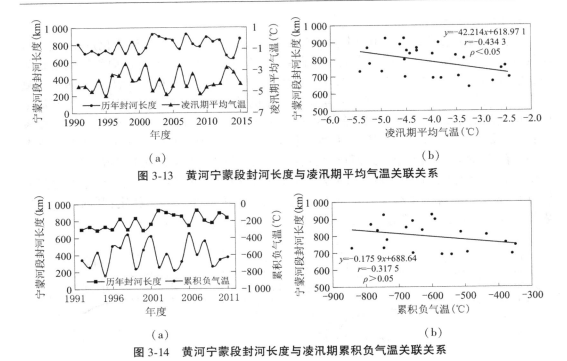

（a）　　　　　　　　　　　　　　　（b）

图 3-13　黄河宁蒙段封河长度与凌汛期平均气温关联关系

（a）　　　　　　　　　　　　　　　（b）

图 3-14　黄河宁蒙段封河长度与凌汛期累积负气温关联关系

4.气温波动下流凌与封开河的异常现象

上文研究发现凌汛期日均气温存在突升骤降、冷暖剧变现象,为了进一步探讨近年气温波动对流凌与封开河变化影响,建立黄河宁夏段 2013~2014 年度和 2016~2017 年度凌汛期日均流凌长度、日均封河长度与日均气温变化的关联关系,如图 3-15 所示。流凌长度随气温升高而减小、随气温降低而增大,流凌长度与气温变化曲线总体为波峰波谷相对;受气温大幅升降影响,凌汛期常出现流凌消失又重现、封河与开河交替变化等异常现象,据统计,2006 年以来,黄河宁蒙段凌汛期发生明显封开河交替变化现象的年份占比超过 50%,说明随着气候变暖,封河长度波动性变化趋势更加明显,突发性冰塞冰坝险情发生概率增大。

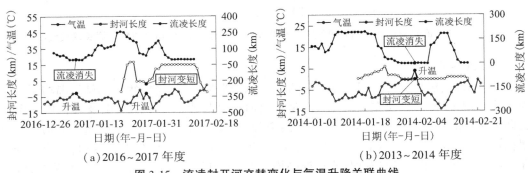

（a）2016~2017 年度　　　　　　　　　　　（b）2013~2014 年度

图 3-15　流凌封开河交替变化与气温升降关联曲线

此外,从空间角度分析首封地点与封开河河段分布特征,以 2010~2011 年和 2011~2012 年凌汛期封开河位置示意,如图 3-16~图 3-18 所示。由于地理位置与气温条件差异以及跨河桥梁、河势变化等因素影响,历年首封位置具有不确定性且存在向上下游同时延伸封河现象,多呈现空间间断性封河、开河,气候变暖影响下封开河凌情变化比较复杂,从而导致冰塞冰坝灾害风险的预测更加困难。

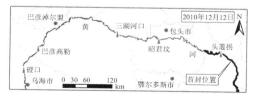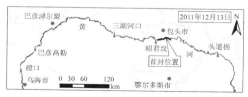

图 3-16　不同年度凌汛期首封位置分布

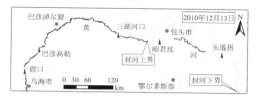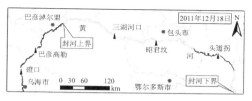

图 3-17　不同年度凌汛期空间多间断封河示意

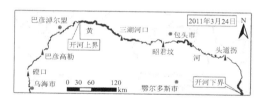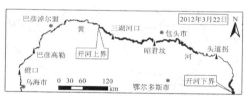

图 3-18　不同年度凌汛期空间多间断开河示意

3.1.2.4　气温变化对冰盖厚度的影响

1.凌汛期最大冰厚

根据巴彦高勒至头道拐河段不同测站历年最大冰厚与日均气温数据,建立 TS = 8a、TS = 4a 和 TS = 2a 等不同尺度下,巴彦高勒、三湖河口和头道拐站最大冰厚均值与凌汛期平均气温的相关关系,如图 3-19 所示。不同测站最大冰厚与凌汛期平均气温为显著或高度负相关,与文献[21]的研究结论基本一致,说明随气温升高,凌汛期最大冰厚呈显著变薄趋势。

2.日均冰厚

建立不同测站 2007~2008 年度、2009~2010 年度和 2010~2011 年度凌汛期实测日均气温与日均冰厚变化的关联曲线,如图 3-20 所示。随着气温逐渐降低,冰盖缓慢加厚至最大厚度,之后随着气温升高,冰盖逐渐变薄至消融;冰厚与气温变化曲线为波峰波谷斜对,冰厚波峰晚于气温波谷,主要是因为气温低于零度时,升温变暖仍驱动冰盖不断加厚,持续回暖才会导致冰盖向变薄趋势发展。

为了进一步探讨日均冰厚变化的负气温累积效应,从封河前 1 天日均气温开始计算逐日累积负气温,统计不同年度不同测站凌汛期日均冰厚随累积负气温变化过程,如图 3-21 所示。随着凌汛期累积负气温绝对值逐渐增大,冰盖厚度呈现缓慢增加趋势,负气温累积到一定程度之后,冰盖开始逐渐变薄,冰盖消融速率整体大于加厚速率,可见气温回升越快,开河速率越大,凌灾风险越高。

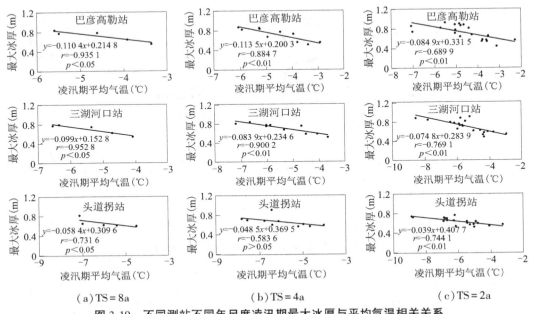

(a) TS = 8a   (b) TS = 4a   (c) TS = 2a

图 3-19 不同测站不同年尺度凌汛期最大冰厚与平均气温相关关系

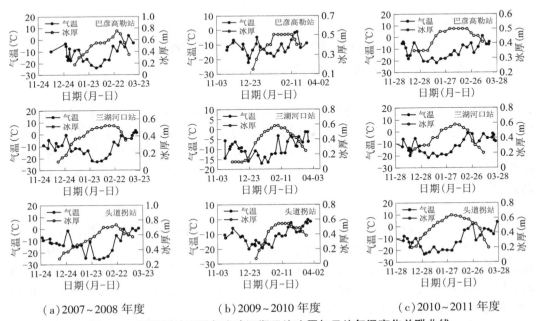

(a) 2007~2008 年度   (b) 2009~2010 年度   (c) 2010~2011 年度

图 3-20 不同测站不同年度凌汛期日均冰厚与日均气温变化关联曲线

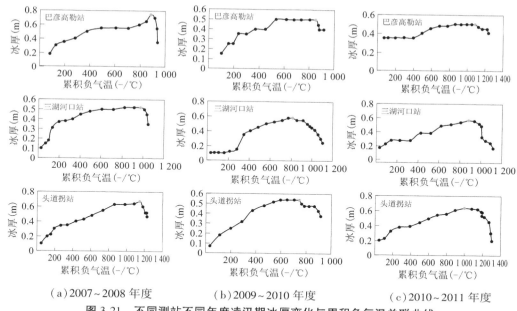

（a）2007~2008 年度　　　　（b）2009~2010 年度　　　　（c）2010~2011 年度

图 3-21　不同测站不同年度凌汛期冰厚变化与累积负气温关联曲线

由图 3-21 分析发现,封冻期冰厚随累积负气温增大而增大,后期冰盖消融过程水温由负转正,但气温长时间内仍为负,所以此时冰厚随累积负气温增大而减小,同测站不同年度日均冰厚随累积负气温的变化趋势具有很高的相似性,因此建立不同测站封河后日均冰厚与累积负气温的关联曲线以及相应的经验公式,如图 3-22 和表 3-2 所示,可由冰盖形成后累积负气温分析预测日均冰厚的变化过程。文献[20]同样建立了封冻期冰厚生长过程与累积负气温的经验公式,本书研究结果虽与其相近,但更多反映了累积负气温对冰盖加厚与减薄全过程动态变化的影响。

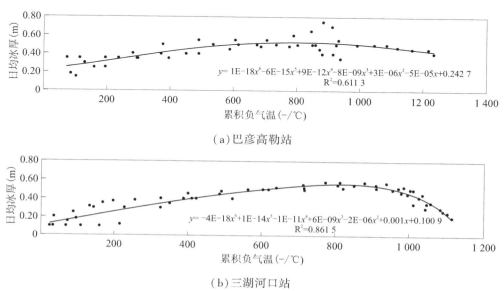

（a）巴彦高勒站

（b）三湖河口站

图 3-22　不同测站凌汛期日均冰厚与累积负气温关联曲线

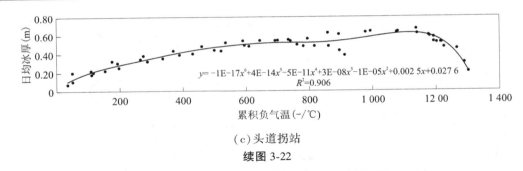

（c）头道拐站

续图 3-22

表 3-2　不同测站凌汛期日均冰厚随累积负气温变化的经验公式

序号	测站名称	冰厚变化经验公式	参数说明
1	巴彦高勒站	$y = 1E-18x^6 - 6E-15x^5 + 9E-12x^4 - 8E-09x^3 + 3E-06x^2 - 5E-05x + 0.242\,7$	x 为各测站冰盖形成后逐日累积负气温；y 为冰盖厚度
2	三湖河口站	$y = -4E-18x^6 + 1E-14x^5 - 1E-11x^4 + 6E-09x^3 - 2E-06x^2 + 0.001x + 0.100\,9$	
3	头道拐站	$y = -1E-17x^6 + 4E-14x^5 - 5E-11x^4 + 3E-08x^3 - 1E-05x^2 + 0.002\,5x + 0.027\,6$	

3.2　凌汛灾害演变特征及其驱动机制

根据历史凌汛灾害发生情况,凌汛灾害一般可分为冰塞灾害、冰坝灾害和凌洪漫溃堤灾害。其中冰塞灾害又分为河道冰塞和水库冰塞两种,当初始冰盖形成后,冰花在冰盖前缘下潜、堆积、冻结,冰塞体逐渐发展,产生壅水,当水流动力大于冰盖阻力时,冰塞体停止发展,河段水位比降、流速、过水面积和冰塞体积相对稳定,出现最大冰塞体及最高壅水水位,之后随气温升高变化,冰塞体融化减小,过水面积逐渐增大,槽蓄水增量释放,凌汛水位下降,冰塞塌陷解体,冰塞洪水具有流量小、变化慢、持续时间长、淹没损失及造成的堤防渗漏与塌陷险情相对较小等特点。冰坝灾害一般可认为是严重性冰塞灾害,通常分为两种,即开河期流凌在下游冰盖区卡冰形成的潜游冰坝和原冰破碎或冰盖受挤压破坏形成的堆积冰坝,冰坝体在水流推力、冰坝重力、水压力、摩阻力和惯性力等受力平衡时达到稳定状态,之后由于热力作用影响,冰坝体受力失衡而溃决,具有持续时间短、壅水水位高、冰坝溃决凌峰流量大、灾害损失严重等特点。凌洪漫溃堤灾害主要是由于冰塞冰坝壅水偎堤、冰坝溃决或开河期凌汛水位陡涨陡落等因素影响,造成堤防漫溢或溃决灾害,影响范围广、灾害损失大,严重威胁堤外泛区的社会经济发展与人民生命财产安全。

3.2.1　凌汛灾害主要成因

凌汛灾害的形成条件主要包括热力环境、动力因素、边界条件和人类活动等四个方面,具体体现在:低气温使得上游河段具有较高的流凌密度,冰凌块体大且坚硬;洪水流量小,流凌速度慢;特殊的弯道环境,流凌容易下潜堵塞,卡冰结坝,壅高水位并向上游发展。

3.2.1.1　热力环境

热力环境是黄河宁蒙段凌汛发生、发展及演变的关键影响因素,包括气温、水温、太阳辐射等,其中太阳辐射影响气温变化,气温和太阳辐射又同时影响水温变化,可见气温是凌汛灾害形成演变的主要热力因素。流凌产生条件是气温与太阳辐射降低使得水体释放热量而水温降至 0 ℃以下,当气温持续下降或长期保持低温状态时,流凌在下游河段堆积封冻,气温与太阳辐射回升幅度将直接影响融冰开河速率及开河形势。凌汛期气温与太阳辐射升降幅度越大,低温持续时间越长,负积温强度越大,凌汛灾害越突出。黄河宁蒙段经常遭受寒潮或冷空气入侵影响,冬季时长 150~170 d,年极端低温为−30 ℃以下,且上下游温差较大,凌汛期太阳辐射与气温频繁性大幅波动,是冰塞冰坝形成致灾的主要气候诱因。

3.2.1.2　动力因素

凌汛灾害形成的动力因素主要包括流量、流速和槽蓄水增量等,水流动力作用促使冰花或碎冰块在冰盖前缘积聚、下潜,从而造成冰塞冰坝凌汛灾害。其中,凌洪流速对冰凌下潜堆积、冰盖加厚、冰塞壅水等影响较大,是凌汛形成致灾的重要判别指标。凌汛期流量变化波动性、凌峰流量大小、高水位持续时间和涨落梯度,对凌汛灾害形成及其演变具有重要影响。槽蓄水增量是开河期凌峰流量的主要影响因素,与流凌密度、输水流量、降温强度等密切相关,上下游槽蓄水增量的沿程分布与开河期凌汛灾害的发生发展关联紧密。

3.2.1.3　边界条件

河道边界条件是冰凌输移、堵塞封冻、冰塞冰坝形成及演变的主要影响因素,一般包括河势走向、河道比降、纵横断面、支流入汇与沟渠引退水、堤防工程、河道整治工程、跨河桥梁工程等。河道边界条件影响着冰水耦合运动特性,黄河宁蒙段河势走向体现了地理纬度与气温空间分布的差异性,河道纵横断面一定程度影响着冰塞或冰坝体的大小规模与壅水高度,河流弯道易产生冰凌堵塞、卡冰结坝,河流分汊散乱处水流不集中、流速缓慢,易导致排冰不畅,且黄河宁蒙段长期淤积造成河床整体抬高,河相变化较大,凌汛期同流量对应水位升高,加剧了凌汛冰塞冰坝灾害风险。

3.2.1.4　人类活动

黄河宁蒙段影响凌汛灾害形成及演变的人类活动因素,主要包括水库防凌调度、堤防与河道整治工程建设、分凌区应急调控等方面。黄河上游龙羊峡、刘家峡、海勃湾与万家寨水库的联合防凌调度,能够有效调控黄河宁蒙段封冻期小流量稳定输水过程,一定程度改善凌汛期河道流速和水温分布情况,对凌汛灾害防御具有重要作用,但上游水库的长期运行,同时也改变了黄河宁蒙段来水来沙特性,导致河道淤积,一定程度增大了凌汛灾害风险。黄河宁蒙段河道整治工程改善了河槽偏移摆动形势,但也束窄了凌汛期输水排冰通道,一定程度阻碍冰凌输移,强化了河冰堵塞堆积的边界条件。黄河宁蒙段分凌区应急调控,能够一定程度消减凌汛灾害风险,为防凌减灾与应急抢险提供有力措施。

3.2.2　凌汛灾害演变特征

在热力环境、动力因素、边界条件与人类活动等多因素耦合驱动下,凌汛灾害及其影响因素不断呈现新的变化特征,冷暖剧变条件下,凌汛险情将大幅增加,发生重大凌洪漫溃堤灾害风险更加严峻。根据历史凌汛发生发展及其致灾情况,分析复杂环境下凌汛灾害及其影响因素的演变特征,主要体现在以下五个方面:

(1)凌汛期径流量增大,冰下过流能力降低,槽蓄水增量先增大后减小。自 1968 年刘家峡水库投运后,黄河宁蒙段凌汛期平均流量增大 100～140 m³/s(见图 3-23(a)),之后随着龙羊峡与刘家峡水库的联合调度,黄河宁蒙段来水来沙过程变化较大,水沙关系不协调,导致河床淤积加剧、主槽萎缩摆动频繁、河相越趋宽浅化,河道冲淤变化下平滩流量逐年减小,同流量对应水位升高,河槽输水排冰能力降低,凌汛期槽蓄水增量逐年增大(1952～2010 年,见图 3-23(b)),不利于形成文开河形势;由于分凌区与海勃湾水库的调控影响,2010 年后黄河宁蒙段槽蓄水增量整体呈降低趋势,利于降低凌汛灾害发生概率,减轻凌灾风险。

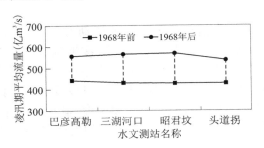

(a)不同时段凌汛期平均流量

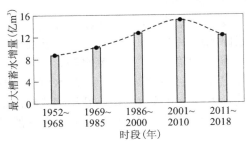

(b)不同时段最大槽蓄水增量

图 3-23　不同时段凌汛期平均流量和最大槽蓄水增量变化统计

(2)凌汛洪水小流量高水位特点突出且非同步变化,历年凌峰流量先增后减、自上游至下游沿程递增。凌汛洪水小流量、高水位、粗泥沙特点显著,如图 3-24 所示,凌汛水位常于封河之后或开河期间突然升高,封冻期保持长时间高水位状态,凌峰流量则出现于开河期且历时较短,凌汛水位与流量呈现非同步变化趋势。黄河宁蒙段不同测站不同时段年均凌峰流量如图 3-25 所示,从时间角度分析,凌峰流量整体呈现先升后降的变化趋势,近年凌峰流量降低主要是因为分凌区与海勃湾水库调度影响;从空间角度分析,由于槽蓄水增量自上游至下游逐渐释放,凌峰流量沿程递增,其中巴彦高勒、三湖河口和头道拐站凌峰流量的差异性比较明显,考虑槽蓄水增量空间分布的不均匀性以及海勃湾与三盛公水库调度影响,近年石嘴山站凌峰流量略高于巴彦高勒站。

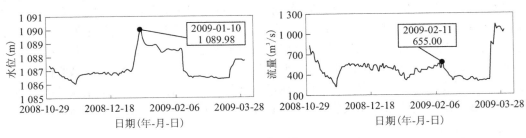

(a)石嘴山站

图 3-24　不同测站凌汛期水位与流量变化过程曲线

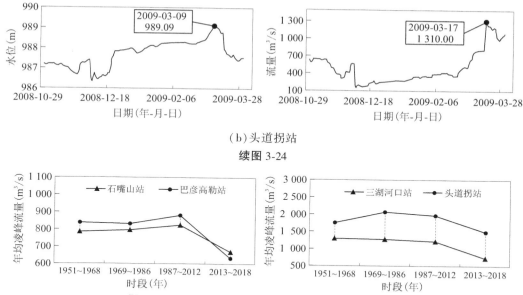

（b）头道拐站

续图 3-24

图 3-25　不同测站不同时段年均凌峰流量变化曲线

（3）凌汛期封开河水位陡涨陡落，变化梯度大，凌汛险情易发。凌汛期水位陡涨陡落且高水位持续时间长的特点比较突出（见图 3-24），封河期水位短时上涨 3~4 m，开河期短时下降 2~3 m，封开河水位突升骤降现象明显；黄河宁蒙段不同测站不同时段封河期和开河期凌汛最高水位均值如图 3-26 所示，除头道拐站外，其余水文测站封河期最高水位整体呈升高趋势，通常情况下封河期最高水位大于开河期，封开河最高水位年际变化较大；封开河期间水位陡涨陡落，导致堤防临背河两侧渗压差瞬时增大、渗流比降突然增加，且由于凌洪高水位长期偎堤，极易诱发堤防渗透与边坡滑塌险情，甚至造成重大凌洪漫溃堤灾害。

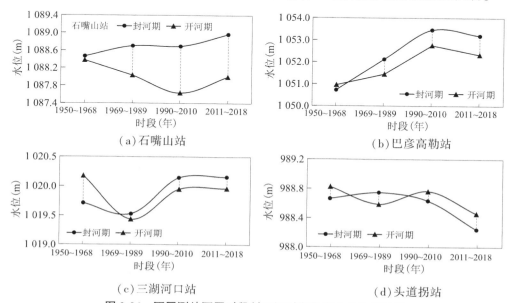

（a）石嘴山站　　　　　　　　　　　　　（b）巴彦高勒站

（c）三湖河口站　　　　　　　　　　　　（d）头道拐站

图 3-26　不同测站不同时段封开河时期最高水位均值统计

（4）年均冰坝频次减少，冰塞发生概率增大，凌灾影响与损失加大。黄河宁蒙段1950～1967年卡冰结坝236次，年均发生13次，1969～1990年卡冰结坝84次，年均发生近4次，而1950～1967年发生冰塞灾害2次，概率为11.11%，1968～1995年共有11年发生冰塞灾害，概率为39.29%。可见，随着刘家峡水库及其与龙羊峡水库的联合调度，黄河宁蒙段年均冰坝次数逐渐减少，冰塞发生概率逐渐增大，开河形式以文开河为主，武开河形式逐渐消失，凌汛灾害形成及其演变更加复杂，凌灾影响与损失总体呈增加趋势。

（5）凌汛致灾机制更加复杂，突发链发性增强，防控难度增大。据统计，自1986年以来，黄河宁蒙段已发生10余次凌汛决口事件，由于复杂变化环境影响，凌汛形成演变及其致灾机制尚难以清晰辨识，凌汛灾害呈现孕灾环境复杂、突发链发性强和防控难度大等特点，主要体现在冰塞冰坝易发险段多且具有不确定性、凌汛灾害风险预测预报难度大、冰凌冲击破坏力强、凌汛堤防突发链发多处出险概率大、凌汛期抢险救灾困难、灾害损失严重等方面。

3.2.3　凌汛灾害演变驱动机制

根据凌汛灾害主要成因分析结果，本书重点研究气温变化、水流条件与分凌区应急调控对凌汛灾害演变的驱动机制。

3.2.3.1　气温变化对凌汛灾害的驱动机制

根据历史凌汛灾害资料，统计黄河宁蒙段不同时段冰塞冰坝及溃堤灾害发生频次与凌汛期平均气温变化情况，如表3-3所示。1950～2010年，随着凌汛期平均气温不断升高，年均冰坝次数逐渐减少，冰塞发生概率逐渐增大，溃堤概率有所减小，但灾害损失逐渐加重，开河方式由武开河逐渐过渡为文开河，凌汛灾害整体呈现冰坝减少、冰塞增多、险情复杂、影响严重等特点。据统计，黄河宁蒙段历年凌汛灾害影响情况如图3-27所示，凌汛洪水淹没耕地面积、受灾人口与被冲房屋数量逐渐增多，尤其1990年后凌灾影响损失更加严重。

表3-3　黄河宁蒙段不同时段冰塞冰坝及溃堤灾害与凌汛期平均气温变化关系

时段（年）	年均冰坝次数	冰塞年数	溃堤次数	凌汛期平均气温（℃）	开河方式
1950～1967	13	2	8	-6.20	文开河、武开河、半文半武开河，各占1/3
1968～1986	4	8	5	-5.81	以文开河为主，半文半武开河占少数，武开河基本消失
1987～2010	1.8	11（严重）	8	-4.06	

通过黄河宁蒙段历史凌汛灾害发生过程及其成因分析，发现凌汛期气温突升骤降、冷暖剧变是凌汛致灾的关键影响因素。比如：1993～1994年度和2001～2002年度凌汛期封河阶段，气温突然下降，且封河流量较小，后遇气温回升和流量增大影响，上游封冻河段时封时开、封河长度波动性变化，产生大量冰凌并向下游迅速输移，在冰盖前缘堆积而形成

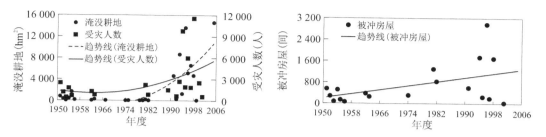

图 3-27　历年凌汛灾害影响统计及变化趋势

冰塞,导致河道过流能力急剧下降,短期内凌汛水位快速壅高,造成堤防溃决灾害。1995~1996 年度、1997~1998 年度以及 2007~2008 年度凌汛期封河阶段低温冰冻,导致槽蓄水增量整体偏大且沿程分布不均,开河阶段气温迅速回升,开河速度加快,上游槽蓄水增量集中释放,导致下游河段凌峰流量迅速增大,从而形成冰塞冰坝,造成重大凌洪漫溃堤灾害。

3.2.3.2　水流条件对凌汛灾害的驱动机制

1.凌汛洪水动力条件驱动

1)凌洪水位与流量

以三湖河口和头道拐站为例,统计 2008~2009 年度凌汛期实测日均水位和流量变化过程,并建立不同阶段水位—流量关系,如图 3-28 所示。与伏汛洪水相比,凌汛洪水流量偏小,封河后水位上升并长时间保持较高水位,稳封期同流量对应水位升高 2~3 m,小流量、高水位特点显著,从而增加了凌汛洪水漫滩与偎堤风险,开河之后河道水位迅速下降。凌汛期水位—流量关系呈顺时针绳套变化曲线,流凌前与开河后水位—流量呈现明显的对数关系,与伏汛期基本一致;流凌至封河阶段,同流量对应水位比流凌之前明显升高,说明流凌或冰盖与水流表面产生了一定的黏滞力,水流阻力增大,从而导致水位壅高;封河至开河阶段,同流量对应水位迅速增大,水位与流量呈现显著的正相关对数关系。

2)凌洪流速

根据三湖河口和头道拐站 2008~2009 年度凌汛期实测日均水位、流量和流速数据,绘制水位—流量—流速变化关系曲线,如图 3-29 所示。封河至开河阶段水位壅高而流速降低,稳封期保持高水位低流速状态,断面平均流速最低为 0.35~0.5 m/s,开河期水位迅速回落而流速快速增大再降低,凌汛期不同阶段流速与流量均呈正相关关系;据国内外相关研究成果[89],冰花下潜临界流速为 0.6~0.7 m/s,冰花在冰盖下堆积临界流速为 0.3~0.4 m/s,冰块下潜临界流速为 0.68~1.31 m/s,当冰盖前缘流速大于 0.6~0.7 m/s 且冰盖下流速小于 0.3~0.4 m/s 时,冰花下潜堆积,当冰盖前缘流速大于 0.68~1.31 m/s 时,冰块易下潜降速后于冰盖下堆积,大量冰花冰块积聚堵塞,从而造成冰塞冰坝灾害;封河期流速较低且波动性小,开河期流速增大且存在陡升陡降现象,说明封河期和开河期均可能产生冰塞灾害,而开河期冰坝灾害发生概率更大。

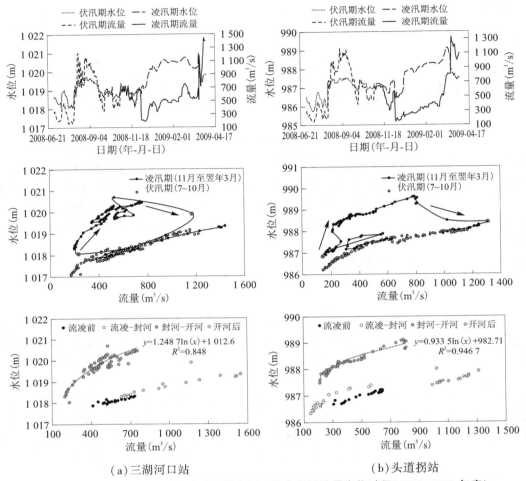

图 3-28　三湖河口和头道拐站凌汛期实测日均水位及流量变化过程(2008~2009 年度)

3)凌洪动力条件对堤防险情的驱动分析

根据以上研究结果,稳封期凌汛洪水具有小流量、高水位、低流速等特点,凌洪水位与流速存在陡升陡降现象,容易产生冰塞冰坝,造成凌汛壅水漫滩,甚至诱发漫溃堤灾害。

有关学者通过分析黄河宁夏段典型险工段岸坡稳定安全系数 K 与河床冲深 ΔZ、侧蚀距离 ΔB、相对水位 H 和涨退水速率 V 间的关联关系,建立了考虑冲刷侵蚀作用的岸坡稳定安全系数预测公式[190]:

$$K = 3.31 e^{(-0.08\Delta Z - 0.02\Delta B)} - 1.52H^{(-0.1V)} \qquad (3-8)$$

其中 ΔZ 与岸坡坡脚水流冲刷强度 α 呈正相关关系。

$$\alpha = v^2/s \qquad (3-9)$$

Osman 侧蚀模式,Δt 时间内坡脚侧蚀距离 ΔB 为:

$$\Delta B = 2C_1 \Delta t (\tau - \tau_c) e^{-1.3\tau_c}/\gamma \qquad (3-10)$$

式中:涨水速率 $V > 0$,退水速率 $V < 0$,单位为 m/d;v 为流速,m/s;s 为含沙量,kg/m³;C_1 为

横向冲刷系数,一般 $C_1 = 3.64 \times 10^{-4}$;$\tau$ 为水流冲刷力;τ_c 为岸坡土体抗冲刷力;γ 为岸坡土体容重。

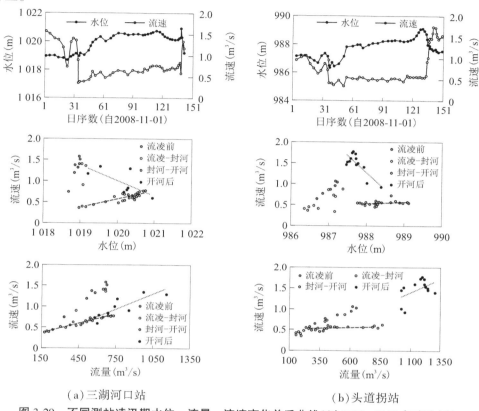

（a）三湖河口站　　　　　　　　　（b）头道拐站

图 3-29　不同测站凌汛期水位—流量—流速变化关系曲线（以 2008~2009 年度为例）

　　根据黄河宁夏段堤坝安全监测系统,统计 2019~2020 年度凌汛期梅家河湾和党家河湾险工段堤防浸润线埋深及河道水位实测数据,对其进行标准化处理,如图 3-30 所示。堤身、堤基浸润线埋深与河道水位变化呈负相关关系,浸润线变化稍微滞后于河道水位变化;当遭遇凌汛冰塞冰坝壅水风险,河道水位上涨速率可达 1.0~2.5 m/h,临水侧堤防浸润线埋深将快速下降,临背水两侧瞬间形成较大的渗水压差,通过上式分析可知,此种情况易造成堤防渗透与背水侧边坡滑塌险情,而临水侧边坡的安全系数相对较大;稳封期堤防长期偎水浸泡和冰冻,土壤含水量增大、土质松软,土壤黏结力和抗外力剪切能力大幅降低,当冰盖消融开河或冰塞冰坝溃决,临水侧河道水位将迅速回落,回落速率最大可达 8~10 m/h,从而导致临水侧堤防浸润线埋深快速增大,临水边坡突然失去冰水压力支撑,受力平衡被破坏,堤防内水分在渗水压力和自重作用下向外溢流,造成堤防安全系数大幅下降,同时由于凌洪流速与流量瞬间增大,岸坡坡脚冲刷强度随之增大,坡脚冲深与侧向侵蚀距离增加,通过上式分析可知,弯道堤岸淘刷严重,总体加剧了堤防边坡的失稳破坏风险,极易导致堤防渗透与临水侧边坡滑塌或崩岸险情。综上,流速快速增大和水位迅速回落是造成凌汛堤防险情的主要动力因素。

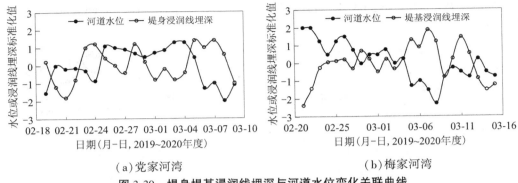

（a）党家河湾　　　　　　　　　　　（b）梅家河湾

图 3-30　堤身堤基浸润线埋深与河道水位变化关联曲线

2.水沙冲淤与河相变化驱动

黄河宁蒙段及其上游河段修建了刘家峡、龙羊峡、青铜峡、海勃湾等水库工程以及堤防、险工险段与控导工程,工程运行对黄河宁蒙段冲淤变化产生了较大影响,主要体现在水沙量年际变化较大且呈减小趋势、水沙关系不协调（见图 3-31）、河道淤积、主槽摆动频繁、河相趋于宽浅化等[114-123,191-193]。虽然已有学者分析了水库调度对黄河宁蒙段凌汛期径流量、流凌—封河—开河时间、凌峰流量和槽蓄水增量等方面的变化影响[194-196],但较少建立河道冲淤与凌汛灾害变化的定量关联关系,因此本节在前人研究基础上,重点研究黄河宁蒙段水沙冲淤与河相变化对凌汛灾害的驱动机制。

为表述方便,将黄河宁蒙段划分为 7 个小尺度河段,分别记为 R_1（下河沿—枣园）、R_2（青铜峡坝下—仁存渡）、R_3（仁存渡—头道墩）和 R_4（头道墩—石嘴山）、R_5（石嘴山—巴彦高勒）、R_6（巴彦高勒—三湖河口）和 R_7（三湖河口—头道拐）。

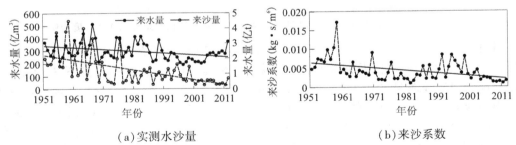

（a）实测水沙量　　　　　　　　　　（b）来沙系数

图 3-31　下河沿水文站历年实测水沙量与来沙系数变化过程

1）水沙冲淤与水位—流量关系及槽蓄水增量的关联驱动

（1）水沙冲淤与平滩流量的关联驱动。

河道平滩流量能够一定程度反映凌汛冰塞冰坝壅水漫滩风险大小,平滩流量越小,则主槽过流能力越小,凌洪漫滩概率和淹没风险越大。建立三湖河口站平滩流量与 R_6（巴彦高勒—三湖河口）河段历年泥沙淤积量的相关关系,如图 3-32 所示。三湖河口站平滩流量与 R_6 河段累计淤积量变化曲线为波峰波谷相对,升降趋势相反,平滩流量与相邻河段泥沙累计淤积量高度负相关,显著性水平为 0.01,即在河道累计淤积驱动下,平滩流量逐渐减小,凌洪漫滩淹没风险增大。

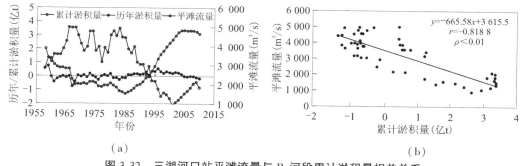

（a）　　　　　　　　　　　　　　　　　（b）

图 3-32　三湖河口站平滩流量与 R_6 河段累计淤积量相关关系

（2）水沙冲淤与同流量水位的关联驱动。

建立巴彦高勒和三湖河口站同流量（$Q=1\ 000\ \mathrm{m^3/s}$）水位与 R_6（巴彦高勒—三湖河口）河段累计淤积量（1958 年之后）的相关关系，如图 3-33 所示。巴彦高勒和三湖河口站同流量水位均与 R_6 河段累计淤积量呈高度正相关关系，说明在河道累计淤积驱动下，同等封河流量对应洪水漫滩概率增大，封河宽度增加，平均水深减小，冰盖下输水排冰能力降低，从而加剧冰塞冰坝形成及其致灾风险。

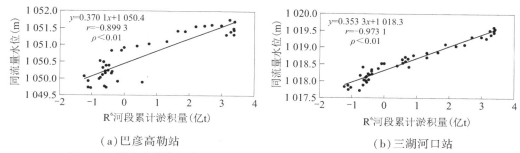

（a）巴彦高勒站　　　　　　　　　　　（b）三湖河口站

图 3-33　巴彦高勒和三湖河口站同流量水位与 R_6 河段累计淤积量相关关系

（3）水沙冲淤与槽蓄水增量的关联驱动。

建立黄河宁蒙段 R_6（巴彦高勒—三湖河口）和 R_7（三湖河口—头道拐）河段泥沙累计淤积量（1958 年以后）与槽蓄水增量的相关关系，如图 3-34 所示。槽蓄水增量与累计淤积量呈现正相关关系，但关联程度较低，主要是因为槽蓄水增量受到凌汛期径流量、气温变化及河道地形等多因素综合影响，单一因素难以主导槽蓄水增量的变化趋势，但在假定其他因素相同条件下，槽蓄水增量随着累计淤积量的增大而升高，这一影响趋势的正确性也可从平滩流量变化角度加以诠释说明。建立巴彦高勒和三湖河口站平滩流量与 R_6 河段槽蓄水增量的相关关系，如图 3-35 所示，槽蓄水增量与平滩流量呈显著负相关，说明在河道累计淤积导致平滩流量减小的情况下，同流量洪水对应的漫滩面积与封河宽度逐渐增加，槽蓄水增量增大，因此黄河宁蒙段河道泥沙累计淤积量与凌汛期槽蓄水增量之间存在正相关驱动关系。

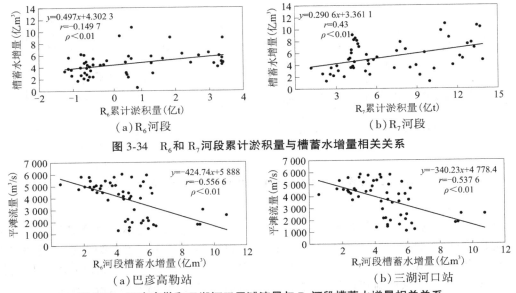

图 3-34　R_6 和 R_7 河段累计淤积量与槽蓄水增量相关关系

图 3-35　巴彦高勒和三湖河口平滩流量与 R_6 河段槽蓄水增量相关关系

2）河相变化与平滩流量及槽蓄水增量的关联驱动

（1）河相系数与平滩流量及槽蓄水增量的关联驱动。

统计不同测验断面历年河相系数、平滩流量及不同河段槽蓄水增量,如图 3-36 所示。1960 年以来,石嘴山和三湖河口断面河相系数分别呈现降—升—降、升—降—升—降的变化过程,总体为增大趋势,而平滩流量总体减小,说明黄河宁蒙段滩槽形态趋于宽浅化,导致平滩流量减小,同流量洪水漫滩概率增大。河道宽浅化影响下,R_6 河段和 R_7 河段槽蓄水增量均呈缓慢增大趋势,由于槽蓄水增量影响因素较多,河相系数仅反映了河道边界条件对槽蓄水增量变化的驱动作用。

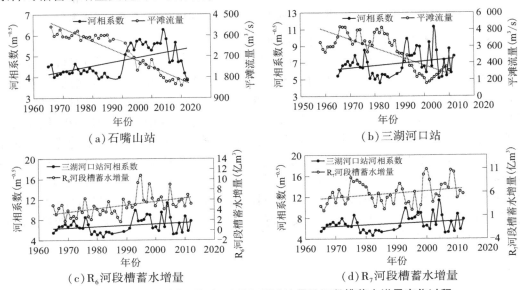

图 3-36　不同测验断面河相系数与平滩流量及河段槽蓄水增量变化过程

（2）平滩河宽与槽蓄水增量的关联驱动。

统计三湖河口站平滩河宽与 R_6（巴彦高勒—三湖河口）、R_7（三湖河口—头道拐）河段槽蓄水增量变化过程,如图 3-37 所示。三湖河口站平滩河宽逐渐减小,R_6 和 R_7 河段槽蓄水增量不断增大,说明水沙冲淤驱动下平滩河宽趋于束窄变化,导致凌汛期同流量洪水对应漫滩水位升高,槽蓄水增量增大,冰塞冰坝灾害风险加剧。

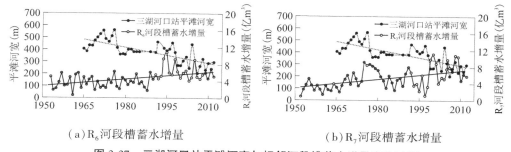

（a）R_6 河段槽蓄水增量　　　　　　（b）R_7 河段槽蓄水增量

图 3-37　三湖河口站平滩河宽与相邻河段槽蓄水增量变化过程

（3）深泓底坡与平滩流量及槽蓄水增量的关联驱动。

统计巴彦高勒和三湖河口站历年深泓点高程、平滩流量,以及 R_5（石嘴山—巴彦高勒）和 R_6（巴彦高勒—三湖河口）河段历年平均坡度及槽蓄水增量,如图 3-38 和图 3-39 所示。不同测站深泓点高程与平滩流量变化趋势相反,说明随着主槽淤积萎缩,深泓点高程不断升高,滩槽差与平滩流量逐渐减小,将导致同级别封河流量对应水位不断升高,凌灾风险增大;不同河段平均坡度与槽蓄水增量变化趋势相反,说明河底坡度整体减小,降低了同流量洪水流速,强化了冰盖加厚与冰塞冰坝形成的动力条件,从而使得槽蓄水增量增大,反映了河底坡度与凌洪动力因素对槽蓄水增量的影响驱动。

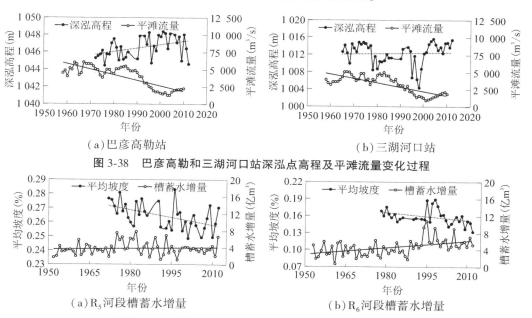

（a）巴彦高勒站　　　　　　　　　（b）三湖河口站

图 3-38　巴彦高勒和三湖河口站深泓点高程及平滩流量变化过程

（a）R_5 河段槽蓄水增量　　　　　　（b）R_6 河段槽蓄水增量

图 3-39　R_5 和 R_6 河段平均坡度与槽蓄水增量变化过程

3）河道冲淤相变与冰塞冰坝灾害的关联驱动

（1）多年河道冲淤变化与冰塞冰坝空间分布的关联关系。

建立黄河宁蒙段近 60 余年泥沙冲淤与冰塞冰坝及凌汛风险要素的空间变化关联关系，如表 3-4 所示。黄河宁蒙段整体处于累计淤积状态，自上游至下游年均淤积强度逐渐增大，冰坝（严重性冰塞）发生次数与年均冲淤强度呈正相关且和槽蓄水增量具有相同的分布特征，说明在河道泥沙淤积驱动下，河床整体抬高，河槽过流能力与平滩流量降低，槽蓄水增量增大，导致凌汛期同级别流量对应水位呈逐年升高趋势，凌汛洪水漫滩概率增大，冰盖前缘更易发生冰凌堆积堵塞，壅高凌汛水位，从而造成凌洪偎堤，加剧冰塞冰坝与堤防漫溢溃决灾害风险。

表 3-4　黄河宁蒙段泥沙冲淤与冰塞冰坝及凌汛风险要素统计

河段	冰塞次数	冰坝次数	年均淤积量（亿 t/a）	年均淤积强度（万 t/km）	平滩流量均值（m³/s）	槽蓄水增量均值（亿 m³）	同流量水位年均升幅（m）
$R_1 \sim R_4$	11	29	0.073	2.62	2 500（下河沿）	2.00	0.003 8（下河沿）
R_5	4	34	0.048	3.41	1 800（石嘴山）	3.73	0.002 4（石嘴山）
R_6	3	53	0.094	4.20	1 800（巴彦高勒）	4.67	0.041 2（巴彦高勒）
R_7	1	206	0.288	9.29	1 650（三湖河口）	5.15	0.023 1（三湖河口）

（2）多年河相变化与冰塞冰坝空间分布的关联关系。

建立黄河宁蒙段近 60 余年冰塞冰坝发生频次与不同河段河相系数、平滩河宽、弯曲率、平均坡度、平滩流量及槽蓄水增量的关联关系，如表 3-5 所示。在河相变化驱动下，凌汛期冰坝（严重性冰塞）灾害更易发生于下游内蒙古河段，与宁夏段相比，该河段河相系数较小、平滩河面较宽、弯曲率较大、河底坡度与平滩流量偏小、槽蓄水增量偏大，由于自上游至下游开河时序的影响，凌峰流量沿程递增，下游河段凌汛灾害风险整体高于上游河段，且受河相条件制约，冰凌更易在下游弯曲率较大的河段卡冰结坝，造成严重的冰坝灾害。凌汛期冰塞灾害更易发生于上游宁夏河段，主要是因为该河段凌汛洪水过流能力较大，凌洪流速能够满足冰凌下潜形成冰塞的动力条件，但其较难发展为长距离冰坝。由于河相变化与水文气象条件的耦合驱动作用，冰塞冰坝灾害突发性较强且发生位置具有不确定性，冰塞冰坝壅水偎堤易造成堤防渗漏、边坡滑塌险情及漫溢溃决灾害。

表 3-5 黄河宁蒙段河相变化与冰塞冰坝及其影响参数统计

河段	冰塞次数	冰坝次数	平均河相系数（m⁻⁰·⁵）	平滩河宽（m）	弯曲率	平均坡度（‰）	平滩流量均值（m³/s）	槽蓄水增量均值（亿 m³）
R₁~R₄	11	29	15.53	880	1.20	0.45	2 500 下河沿	2.00
R₅	4	34	4.75 石嘴山	325 石嘴山	1.41	0.27	1 800 石嘴山	3.73
R₆	3	53	6.87 三湖河口	385 三湖河口	1.28	0.15	1 800 巴彦高勒	4.67
R₇	1	206	8.06 头道拐	515 头道拐	1.44	0.09	1 650 三湖河口	5.15

（3）凌汛期河道冲淤相变与冰塞冰坝灾害的关联驱动。

①凌汛期水沙输移特征。统计石嘴山站 1950~2013 年历年月均流量与月均输沙率，如图 3-40 所示。全年水沙输移量月均分配不均，与伏汛期（7~10 月）相比，凌汛期径流量与输沙率均较小，月均输沙率降低至少 50%。由于上游水库防凌调度影响，1968 年后凌汛期月均流量总体增大，月均输沙率出现三个波峰过程，分别是 1950~1968 年、1969~1986 年和 1987~2013 年，1986 年后凌汛期输沙率明显增大，之后缓慢减小。

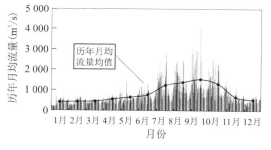

（a）历年月均流量

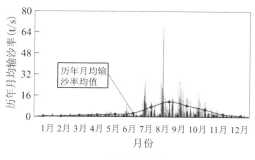

（c）历年月均输沙量

（b）凌汛期月均流量

（d）凌汛期月均输沙量

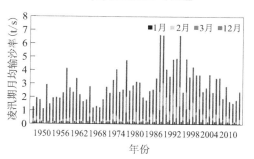

图 3-40 石嘴山站 1950~2013 年历年月均流量与月均输沙率分布

以巴彦高勒站为例,统计其 1980 年、1990 年和 2010 年日均含沙量及输沙率变化过程,如图 3-41 所示。从月尺度和日尺度角度分析,日均含沙量与输沙率变化较大且存在单日突变峰值,凌汛期日均含沙量比伏汛期减小 80% 以上,且存在凌汛期之后 3~4 月日均含沙量与输沙率变化峰值过程;流凌期输沙量大于封河期,稳封期 1 月和 2 月含沙输沙量最小,开河期凌峰流量突然增大,含沙输沙量随之明显增加。从年尺度角度分析,凌汛期日均含沙量与输沙率总体呈现先升高再降低(1980 年—1990 年—2010 年)的变化过程,含沙输沙量升高主要与龙羊峡和刘家峡水库的联合调控有关,之后经过长期水沙调控及环境调整适应,凌汛期含沙输沙量逐渐降低。

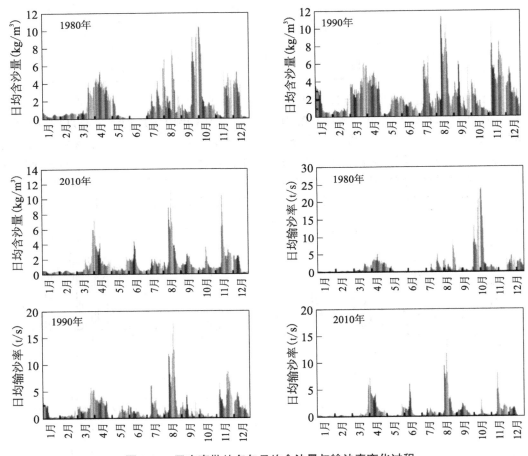

图 3-41　巴彦高勒站多年日均含沙量与输沙率变化过程

同时统计巴彦高勒站 1981 年、1990 年、2010 年和 2012 年全年各月平均悬移质泥沙颗粒粒径,如图 3-42 所示。不同年份 1~12 月悬移质泥沙颗粒粒径基本呈两头大中间小的"U"形变化趋势,凌汛期月均输沙粒径比伏汛期增大 0.58~9.45 倍,是凌洪水沙冲淤变化的主要影响因素之一,同时随着时间推移,黄河宁蒙段悬移质输沙粒径呈现逐年增大趋势。

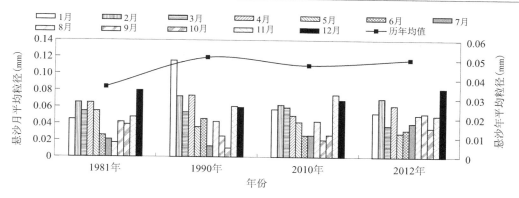

图 3-42　巴彦高勒站不同年份月均输沙粒径变化过程

②凌汛期河道冲淤变化特征。采用沙量平衡法计算不同河段 1981～1982 年度、1989～1990 年度和 2010～2011 年度凌汛期(11 月至翌年 3 月)泥沙冲淤情况,如表 3-6 所示。1981～2011 年凌汛期,R_5 和 R_6 河段由淤积逐渐转为冲刷,R_7 河段由冲刷逐渐转为淤积,而 R_5～R_7 全河段则由淤积逐渐转为冲刷状态。1989～1990 年度凌汛期,龙羊峡和刘家峡水库联合调控,一定程度驱动黄河宁蒙段尤其是 R_6～R_7 河段凌汛期泥沙淤积加重,之后经过多年河道冲淤演变,凌汛期河道淤积态势逐渐缓解并转向冲刷状态,这一转变对河道水—沙—冰输移起到一定的积极驱动作用。

表 3-6　不同河段不同凌汛期平均输沙率与冲淤变化统计

河段名称	测站名称	1981～1982 年			1989～1990 年			2010～2011 年		
		输沙率 (t/s)	差值 (t/s)	冲淤状态	输沙率 (t/s)	差值 (t/s)	冲淤状态	输沙率 (t/s)	差值 (t/s)	冲淤状态
R_5	石嘴山	1.465	0.574	淤积	2.194	-0.201	冲刷	0.511	-0.155	冲刷
R_6	巴彦高勒	0.891	0.139	淤积	2.395	0.613	淤积	0.666	-0.200	冲刷
R_7	三湖河口	0.752	-0.078	冲刷	1.782	0.314	淤积	0.866	0.165	淤积
	头道拐	0.831			1.468			0.702		
R_5～R_7	石嘴山	1.465	0.634	淤积	2.194	0.726	淤积	0.511	-0.190	冲刷
	头道拐	0.831			1.468			0.702		

③凌汛期河道冲淤相变对冰塞冰坝灾害的驱动分析。根据黄河宁蒙段凌汛期水沙输移与河道冲淤相变分析结果,与伏汛洪水相比,凌汛洪水具有小流量、低含沙量、低输沙率、粗泥沙颗粒等特点,凌汛期不同河段逐渐由泥沙淤积转为冲刷状态,河道冲淤相变对凌汛灾害的驱动影响,主要体现在以下两方面:一是由于凌汛期水温较低,水流黏滞性较大,导致粗泥沙颗粒易悬浮,凌洪挟沙能力较强[115],河道流量与槽蓄水增量越大,凌洪水

沙冲刷效果越明显,从而越利于塑造良好的输水排冰河槽形态,一定程度提升凌汛期河道过流能力,降低河道多年累计淤积带来的负面影响;二是黄河宁蒙段凌汛期水沙冲淤总体呈现"淤积(1981~1982年)—淤积加剧(1989~1990年)—冲刷(2010~2011年)"的变化趋势,说明上游水库长期防凌调度,一定程度驱动凌汛洪水塑造良好的河槽形态,但水沙冲淤形成的弯曲河段,极易导致冰凌堆积、堵塞、卡冰结坝,凌汛洪水淘刷弯道处河床堤岸,从而增大冰塞冰坝及凌洪漫溃堤灾害风险,由此可见,凌汛期河道冲淤相变对凌汛灾害的影响比较复杂,利弊相间,同时也对黄河宁蒙段上下游梯级水库的联合防凌优化调度提出了更高要求。

3.2.3.3 分凌区应急调控对凌汛灾害的驱动机制

1.分凌区与冰塞冰坝险段分布的关联性分析

根据相关资料记载[197],黄河内蒙古段三盛公水利枢纽以上河段1951~2010年发生冰塞冰坝34次;三盛公至三湖河口段1951~2008年发生冰塞冰坝50余次,其中严重冰坝9次;三湖河口以下杭锦淖尔至南海子河段1987~2008年发生冰塞冰坝48次,造成凌汛灾害8次。由此可知,三湖河口至南海子河段冰塞冰坝灾害发生频率更高、灾害风险更大。

根据应急分凌区空间分布及其主要控制河段冰塞冰坝发生情况,建立分凌区与历史冰塞冰坝险段空间分布的关联关系,如表3-7和图3-43所示。河套灌区及乌梁素海等6个应急分凌区分布在乌海市至包头市河段两岸,位于历史冰塞冰坝险段或其上游位置,两者区位分布紧密关联,体现了分凌区应急调控的时效性。三湖河口以上河段的两座分凌区蓄洪量大、削峰能力更强,相邻河段历史冰塞冰坝发生位置相较于下游河段偏少,说明该分凌区不仅能够应急缓解邻近河段防凌压力,还可以发挥黄河内蒙古全河段的防凌调度作用。三湖河口至头道拐河段冰塞冰坝险段较多,尤其昭君坟至头道拐河段历史冰塞冰坝险段的分布更为密集,昭君坟河段上下游共建有4个应急分凌区,当临近河段发生冰塞冰坝或堤防险情时,能够及时快速地分凌削峰,降低河道水位与凌灾风险,但目前头道拐上游150 km河段暂无应急分凌措施,若遭遇突发性凌汛灾害,尚较难实现凌灾风险的应急调控。由于凌汛灾害的形成与演变存在诸多不确定性,需通过上下游梯级水库与应急分凌区的联合防凌调度,最大化消减凌灾风险与影响损失。

表3-7　黄河宁蒙段分凌区与冰塞冰坝险段分布关联关系

分凌区名称	统计时段(年)	主要冰塞冰坝(次)	防凌应急调度主要控制河段
河套灌区及乌梁素海分凌区、乌兰布和分凌区	1951~2010	34	石嘴山至巴彦高勒河段,针对黄河内蒙古全河段防凌调度
杭锦淖尔分凌区	1951~1986	9	毛不拉孔兑入黄河口上下游河段;三银河头至西付家圪堵(右岸张四圪堵)及西大沙头河段
	1987~2008	7	
蒲圪卜分凌区	1951~2008	7	黑赖沟上下游9 km河段

续表 3-7

分凌区名称	统计时段（年）	主要冰塞冰坝（次）	防凌应急调度主要控制河段
昭君坟分凌区	1951~1986	3	西柳沟上下游昭君坟至画匠营子段
	1987~2008	4	
小白河分凌区	1951~1986	4	上下游桥梁较多,小白河附近及下游包神铁路、公路及画匠营子河段
	1987~2008	7	

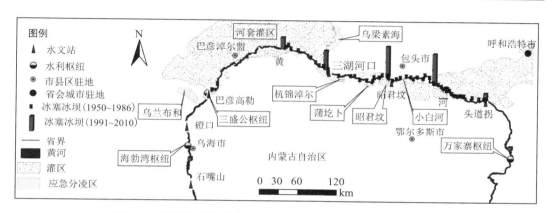

图 3-43　黄河宁蒙段应急分凌区与冰塞冰坝险段空间位置分布

2.分凌区应急调控对凌灾险段分布格局的驱动作用

2006~2019 年黄河内蒙古段凌汛期封河流量、槽蓄水增量、头道拐站凌峰流量以及分凌区分洪总量如图 3-44 所示。近年来分凌区运用较为频繁,且历年分洪总量呈增大趋势,槽蓄水增量随之呈逐年降低趋势,分洪总量与当年槽蓄水增量的比值逐年增大;在封河流量变化不大的情况下(平均 683 m³/s),分凌区启用年份的凌峰流量较小,其中2016~2017 年度和2018~2019 年度的凌峰削减效果最为显著,虽然 2017~2018 年度凌汛期分洪总量最大,但是凌峰流量仍高达 2 000 m³/s,可知若无分凌区调度削峰,该年度开河期凌峰流量将更大,极有可能发生严重的冰塞冰坝或漫溃堤灾害。由此可见,分凌区应急调控对临近河段凌灾风险的调控效果较好,发挥着重要的防凌减灾作用。

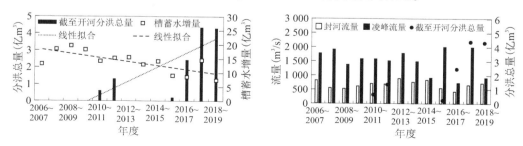

图 3-44　黄河内蒙古段不同年度封河流量—槽蓄水增量—凌峰流量与分洪总量变化过程

　　为了进一步探讨分凌区应急调控对凌汛灾害的驱动机制,考虑分凌区是否启用,分别绘制不同封河流量对应槽蓄水增量与凌峰流量的变化趋势图,如图 3-45 所示。分凌区未启用时,槽蓄水增量与凌峰流量均随封河流量的增加而减小,分凌区启用后,槽蓄水增量、凌峰流量与封河流量相关关系的拟合斜率均由负转为正,发生逆时针旋转变化,说明同等封河流量对应槽蓄水增量及凌峰流量均呈降低趋势,由此可见,分凌区应急调控能够有效减小河道槽蓄水增量与凌峰流量,一定程度降低凌汛灾害发生概率,减轻凌灾风险,并影响着凌灾险段的分布格局。

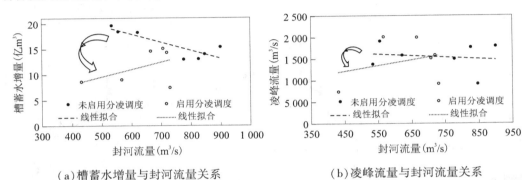

(a)槽蓄水增量与封河流量关系　　　　　　(b)凌峰流量与封河流量关系

图 3-45　分凌区是否启用条件下槽蓄水增量与凌峰流量随封河流量的变化趋势

3.2.3.4　河道工程对凌汛灾害的驱动机制

1.河道整治工程

　　以黄河宁夏段为例,统计该河段典型年整治工程河势靠溜情况,如表 3-8 所示,局部河段卫星遥感整治工程分布如图 3-46 所示。分析可知:①河道整治工程靠溜比例逐年增加,河势控制效果比较明显,河道整治措施在维持河槽稳定、控制河流摆动方面发挥了重要作用,将有效减小蜿蜒河道弯曲度与河湾数量,一定程度降低弯道卡冰结坝风险度。②河道整治工程虽然利于稳定河势、规顺河槽流路,但是由于整治工程通常与河流主槽成一定夹角分布,易与上游流冰碰撞冲击,遭受流凌撞击与长期封冻冰害影响,滑塌、渗漏与冻胀破坏风险较高。③凌汛期部分丁坝伸入主槽缩窄断面,减小了河槽过流面积和冰凌输移能力,将阻碍冰凌运动、降低流速,使得冰凌流路不畅,易造成冰凌堵塞,逐渐演化形成冰塞冰坝,比如 1993~1994 年度凌汛封河期,三盛公闸下 3.1 km 处的第 3 号丁坝伸入主流河槽,由于环流作用影响,冰凌下潜堵塞过水断面,壅高水位,形成了较为严重的冰塞灾害。

表 3-8　黄河宁夏段典型年整治工程河势靠溜情况统计[239]

河段	工程处数（处）	1990 年 靠溜处数/占比（处/%）	2002 年 靠溜处数/占比（处/%）	2011 年 靠溜处数/占比（处/%）	2012 年 靠溜处数/占比（处/%）
沙坡头坝下—仁存渡	52	17/32.7	25/48.1	36/69.2	41/78.8
仁存渡—头道墩	10	0/0.0	2/20.0	5/50.0	5/50.0

续表 3-8

河段	工程处数（处）	1990 年	2002 年	2011 年	2012 年
		靠溜处数/占比（处/%）	靠溜处数/占比（处/%）	靠溜处数/占比（处/%）	靠溜处数/占比（处/%）
头道墩—石嘴山大桥	9	1/11.1	5/55.6	6/66.7	6/66.7
沙坡头—石嘴山大桥	71	18/25.4	32/45.1	47/66.2	52/73.2

图 3-46　局部河段整治工程分布遥感影像

2.跨河桥梁工程

黄河宁蒙段跨河桥梁工程主要包括公路桥、铁路桥和浮桥,其中黄河宁夏段建有公路桥 22 座、铁路桥 4 座、浮桥 6 座,黄河内蒙古段建有公路桥 20 座、铁路桥 8 座、浮桥 10 座,主要跨河桥梁工程统计如表 3-9 所示。

表 3-9　黄河宁蒙段主要跨河桥梁工程统计

编号	区域	桥梁名称	编号	区域	桥梁名称
1	下河沿—青铜峡	中卫黄河公路大桥	27	巴彦淖尔盟段	磴口黄河铁路桥（下行）
2		中宝铁路桥	28		磴口黄河高速公路桥
3		太中银铁路中宁黄河特大桥	29		呼和木独—临河黄河公路桥
4		中宁黄河公路大桥	30		哈拉淖尔浮桥
5	青铜峡—石嘴山	青铜峡黄河大桥	31		亿利黄河大桥
6		古窑子至青铜峡联络线大桥	32		乌锡铁路大桥
7		吴忠黄河大桥	33	包头市段	昭君坟黄河浮桥
8		石中高速公路桥	34		包西铁路黄河特大桥
9		大古铁路桥	35		包神铁路黄河大桥
10		叶盛黄河桥（旧）	36		包头黄河公路一号大桥
11		叶盛公路大桥	37		包头黄河公路二号大桥

续表 3-9

编号	区域	桥梁名称	编号	区域	桥梁名称
12	青铜峡—石嘴山	太中银铁路永宁黄河特大桥	38	包头市段	王大汉黄河浮桥
13		银川黄河特大桥	39		德胜泰黄河大桥
14		银川辅道桥	40		包树高速公路黄河特大桥
15		银川滨河黄河大桥	41		大城西黄河大桥
16		银川冰沟黄河大桥	42		五犋牛黄河浮桥
17		平罗黄河大桥	43		将军尧黄河浮桥
18		石嘴山黄河大桥	44	托克托县河段	巨合滩黄河大桥
19	乌海市河段	富民特大浮桥(麻河沟附近)	45		蒲滩拐黄河公路大桥
20		乌海黄河高速公路桥	46		呼准线黄河铁路施式浮桥
21		海达黄河浮桥(三道坎浮桥)	47		呼准线黄河铁路大桥
22		乌达铁路桥	48		准兴高速柳林滩黄河大桥
23		乌达铁路桥(旧)	49		喇嘛湾黄河公路大桥
24		乌达黄河公路桥	50		岔河口黄河铁路大桥
25	巴彦淖尔盟段	巴彦木仁—碱柜黄河浮桥	51		荣乌高速公路桥
26		磴口黄河铁路桥(上行)	52		小沙湾黄河大桥

　　黄河宁蒙段不同河段均建有分布较为密集的公路桥、铁路桥和浮桥等跨河桥梁工程,强化了凌汛灾害成因边界条件,浮桥两岸引桥和跨河大桥桥墩改变了局部河段凌汛期冰水流动特性,导致过水断面面积减小,冰凌过流不畅,且易在此河段首先封河。封开河过程中,在河流弯道与跨河桥梁工程耦合作用下,上游流凌下泄极易在此阻塞,冰盖下过流面积逐渐减小,冰凌输移不畅,严重时易发生冰塞冰坝凌汛险情,从而导致封开河水位壅高,冰凌洪水漫滩侵蚀,堤防长期偎水浸泡,凌汛溃堤风险增大,严重威胁两岸防凌安全,跨河桥梁工程自身也将遭受冰凌撞击与冻胀灾害风险。

图 3-47　跨河桥梁束窄段卡冰结坝示意图

3.3　凌汛洪水风险分布特征

以上研究了黄河宁蒙段凌情与凌汛灾害的演变特征及其驱动机制,本节在此基础上进一步研究凌汛洪水风险的分布特征。目前,已有学者梳理了黄河宁蒙段历史凌汛灾害影响及损失情况[198-203],模拟了冰坝壅水造成的漫滩淹没风险[204],分析了不同流量条件下黄河宁夏段洪水漫滩与穿堤沟渠倒灌风险[192],以及假定情景的凌洪溃堤淹没风险[8],但鲜有学者系统研究黄河宁蒙段凌汛洪水风险的分类及其分布特征。因此,本节首先分析凌汛洪水风险类别,然后根据历史凌汛灾害资料与现场调研结果,重点研究黄河宁蒙段凌汛洪水风险的整体分布特征。

根据黄河宁蒙段历史凌情及凌汛灾害发生情况,黄河内蒙古段 680 km 河段基本年年封河,而黄河宁夏段存在不稳定封河河段,历史最大封河长度为 260 km,青铜峡库尾以及叶盛黄河大桥至万家寨库尾河段属于凌情易发区域,冰塞冰坝多发生在三湖河口至头道拐河段,如图 3-48 所示。凌汛洪水风险一般可分为四类,即凌汛壅水漫滩风险、穿堤沟渠倒灌风险、凌洪漫溃堤风险和工程设施破坏风险。其中,凌汛壅水漫滩风险主要是由于冰塞冰坝降低了河槽过流能力,导致凌汛水位升高而淹没滩地,造成滩区居民受灾与农田经济损失;穿堤沟渠倒灌风险是指黄河凌汛水位壅高,使得两岸灌区穿堤排水沟渠,尤其是无闸控沟渠,凌汛洪水倒流回灌,淹没灌区耕地,同时造成穿堤沟渠护坡护岸等工程冻胀

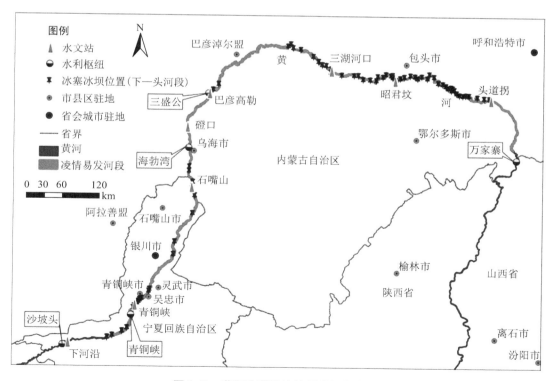

图 3-48　黄河宁蒙段凌情易发河段分布

破坏;凌洪漫溃堤风险属于极端条件下发生的重大凌汛风险,冰塞冰坝壅水长时间偎堤淘刷,冰坝溃决或开河期凌洪流速与水位陡涨陡落等因素均可能加剧堤防漫溢溃决风险,从而造成重大凌灾损失;工程设施破坏风险主要是指凌汛洪水影响下的水闸与桥墩等工程设施冻胀破坏风险、堤防渗透与边坡滑塌风险、丁坝与人字垛沉降风险等;不同类别凌汛洪水风险的分布具有险点多、险段长、影响范围广等特征。

3.3.1 冰塞冰坝壅水漫滩风险分布特征

根据历史资料记载[205],黄河宁蒙段封开河期间基本年年发生凌汛壅水漫滩事件,如遭遇冰塞冰坝,壅水漫滩风险更加严峻,常造成滩区房屋进水、农田淹没、堤防偎水、工程设施冰冻破坏等,比如:1993~1994年度凌汛期黄河内蒙古段80%河滩地遭受凌洪淹没风险,壅水偎堤长度占堤防总长的86%;2007~2008年度凌汛期黄河宁夏段河滩地淹没约20万亩,滩地塌毁严重。本书基于黄河宁蒙段2012年伏汛期之后的遥感影像数据,提取河槽与滩区信息,如图3-49所示。黄河宁夏段与内蒙古段滩区面积分别约为300 km² 和1 500 km²,其中内蒙古下游河段滩区仍有居民长期居住,凌汛冰塞冰坝壅水漫滩将淹没大量农田耕地,并严重威胁滩区人民的生命财产安全。

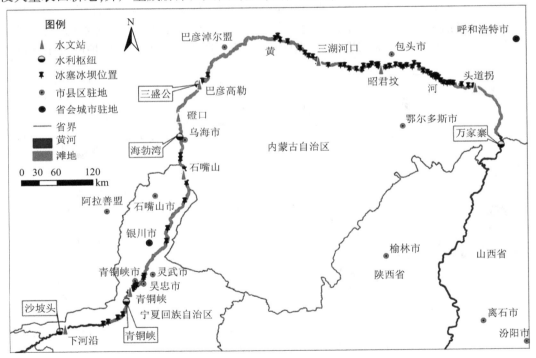

图 3-49　黄河宁蒙段壅水漫滩淹没风险分布

3.3.2 穿堤沟渠凌洪倒灌风险分布特征

黄河宁蒙段冰塞冰坝壅水导致穿堤沟渠凌洪倒灌现象频繁发生,比如就黄河宁夏段而言,2004~2007年三年度凌汛期穿堤建筑物严重损坏数量分别为60座、18座和34座,水利工程设施损害严重。穿堤建筑物尤其是无闸控堤段常遭受流凌撞击与冰冻风险，造成闸槽冻裂变形、闸门漏水、沟渠堤防或护坡护岸工程发生冰水冻胀破坏，同时穿堤建筑物破坏了堤防的完整性，涵洞洞身与堤防渗径缩短，遭遇大洪水时该处堤段易渗水塌毁。据统计，黄河宁蒙段两岸灌溉沟渠、取水口与水闸分布情况如图 2-48 所示，该河段两岸共建有穿堤建筑物 1 215 座[206]（见表 3-10），为了降低穿堤建筑物防凌防洪安全隐患，黄河宁蒙段近期防洪工程建设中规划合并后的穿堤建筑物数量为 633 座。由表 3-10 和图 3-50分析可知，黄河宁夏段穿堤建筑物数量明显多于内蒙古段，且多为无闸控的穿堤沟渠涵洞，而内蒙古段穿堤沟渠均有水闸控制，可见黄河宁夏段穿堤沟渠凌洪倒灌风险更大。特别当遭遇突发性极端天气，冰塞冰坝将大幅壅高水位，加剧穿堤沟渠凌洪倒灌风险，并造成严重的凌汛灾害损失。

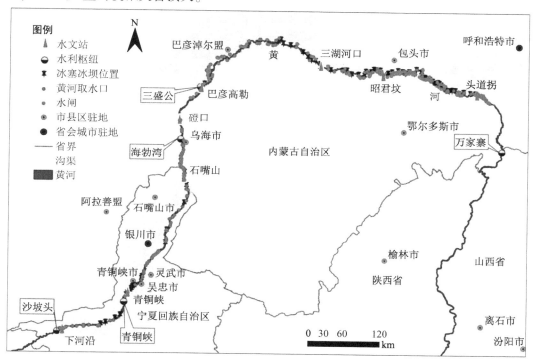

图 3-50　黄河宁蒙段两岸灌溉沟渠、取水口及水闸分布

表 3-10　黄河宁蒙段中小型穿堤建筑物统计　（单位：座）

河段	岸别	渠涵	沟涵	桥涵	进水闸	合计
下河沿—青铜峡	左岸	109	46	4	1	160
	右岸	106	15	1	3	125
	小计	215	61	5	4	285
青铜峡—仁存渡	左岸	8	57	3		68
	右岸	3	26	1		30
	小计	11	83	4		98

续表 3-10

河段	岸别	渠涵	沟涵	桥涵	进水闸	合计
仁存渡—头道墩	左岸	165	51	7		223
	右岸	107	40	3		150
	小计	272	91	10		373
头道墩—石嘴山	左岸	96	16	12		124
	右岸	12	8			20
	小计	108	24	12		144
乌达公路桥—三盛公	左岸				6	6
	右岸				3	3
	小计				9	9
三盛公—三湖河口	左岸				100	100
	右岸				58	58
	小计				158	158
三湖河口—昭君坟	左岸				29	29
	右岸				28	28
	小计				57	57
昭君坟—蒲滩拐	左岸				44	44
	右岸				47	47
	小计				91	91
全河段	左岸合计	378	170	26	180	754
	右岸合计	228	89	5	139	461
	两岸总计	606	259	31	319	1 215

3.3.3　凌洪漫溃堤淹没风险分布特征

根据历史凌汛灾害资料记载,1986 年以来,黄河宁蒙段封开河期间已至少发生 10 余次堤防决口事件,主要发生于 1990 年 2 月、1993 年 12 月、1994 年 3 月、1996 年 3 月、2001 年 12 月和 2008 年 3 月,且存在多处溃口链发情况,历史溃口位置分布在达拉特旗大树湾段、三盛公拦河闸下游河段、达旗乌兰段蒲圪卜段、乌达公路桥上游河段、达拉特旗乌兰乡万新林场段、杭锦旗独贵特拉奎素段等,溃口宽度为 30～100 m,历史凌汛溃堤均造成了严重的淹没影响与灾害损失,溃口位置与凌洪淹没范围如图 3-51 所示。极端天气条件下,黄河宁夏段可能遭受凌洪漫堤淹没风险,但溃堤概率较小,而黄河内蒙古段凌洪堤防漫决或溃决灾害风险均较大,堤防险段或防凌薄弱点较多且呈空间非连续性分布特点。

由于凌汛期冰塞冰坝壅水影响,凌洪漫滩导致堤防长期偎水,比如 2019～2020 年度

凌汛期黄河内蒙古段堤防最大偎水长度达 327.9 km(见表 3-11),凌洪对堤防的冲刷淘蚀
与长时间浸泡,加剧了堤防漫溃决灾害风险。因此,本书参考内蒙古自治区 2013 年度洪
水风险图编制成果,确定可能的溃(漫)堤位置及凌洪淹没范围,如图 3-51 所示。分析可
知,黄河内蒙古段凌洪漫溃堤灾害风险明显大于宁夏段,尤其三湖河口至头道拐河段的凌
汛堤防险段较多,溃堤淹没风险更大。

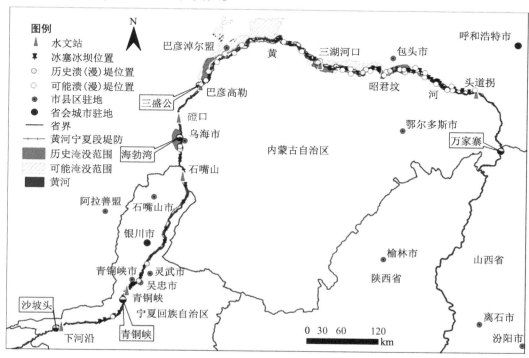

图 3-51　黄河宁蒙段凌洪漫溃堤位置及淹没范围分布

表 3-11　黄河内蒙古段 2019～2020 年凌汛期堤防偎水长度统计

时间 (年-月-日)	岸别	巴彦高勒—三湖河口	三湖河口—包头	包头—头道拐	合计
2020-01-18	左岸	24.50	8.30	23.20	31.50
	右岸	85.60	27.40	32.00	145.00
	合计	110.10	35.70	55.20	201.00
2020-02-20	左岸	57.80	46.70	34.50	139.00
	右岸	92.00	32.10	40.30	164.40
	合计	149.80	78.80	74.80	303.40
2020-02-22	左岸	57.80	51.90	39.10	148.80
	右岸	92.00	34.50	45.10	171.60
	合计	149.80	86.40	84.20	320.40

续表 3-11

时间 (年-月-日)	岸别	巴彦高勒—三湖河口	三湖河口—包头	包头—头道拐	合计
2020-02-28	左岸	63.10	56.40	37.80	157.30
	右岸	86.40	39.80	44.40	170.60
	合计	149.50	96.20	82.20	327.90
2020-03-04	左岸	52.30	56.70	40.10	149.10
	右岸	53.30	39.50	46.00	138.80
	合计	105.50	96.20	86.00	287.70
2020-03-11	左岸	49.90	55.70	39.50	145.10
	右岸	44.20	38.70	35.30	118.20
	合计	94.10	94.40	74.80	263.30

3.4　本章小结

本章主要研究了黄河宁蒙段凌情变化特征与气温变化对其影响机制,探讨了凌汛灾害演变特征以及气温变化、水流条件与分凌区应急调控对其驱动机制,并分析了凌汛洪水风险分布特征。主要研究内容及结论如下:

(1)研究了黄河宁蒙段凌情变化特征及其影响机制。结果表明:流凌日期、封河日期、流凌时长均与凌汛期平均气温呈正相关,而开河日期、封冻时长、凌汛周期时长则均与其呈负相关,即在气温升高影响下,流凌和封河时间推迟、开河时间提前、凌汛周期缩短,其中巴彦高勒、三湖河口和头道拐站凌汛周期缩短速率分别为 0.65 d/a、0.25 d/a 和 0.27 d/a;累积负气温相同条件下,日均流凌长度与气温降幅的变化曲线呈现波峰波谷正对态势;日均封河长度明显增加的转折点,常对应于气温降幅变化曲线的波峰点,即气温降幅越大,日均封河长度增加趋势越明显;历年最大封河长度与凌汛期平均气温或累积负气温的变化曲线呈现波峰波谷正对态势,具有此升彼降的变化规律;由于气温突升骤降波动性影响,历年凌汛期首封位置具有不确定性,封开河河段呈现空间多间断性分布特点,2006 年以来,流凌消失又重现、封河长度波动性变化等异常现象发生的概率超过 50%;年最大冰厚与凌汛期平均气温呈显著负相关,日均冰厚与日均气温两者变化曲线的波峰波谷斜对,由此建立了不同测站日均冰厚随气温变化的经验公式。

(2)揭示了黄河宁蒙段凌汛灾害演变特征及其驱动机制。结果表明:凌汛灾害演变呈现年均冰坝减少、冰塞发生频率增大、1990 年后凌灾影响损失明显加重等特征,气温突升骤降、冷暖剧变是凌汛冰塞冰坝及溃堤灾害的主要热力驱动因素;凌汛洪水水位—流量关系呈顺时针绳套变化曲线,与伏汛洪水相比,稳封期洪水具有小流量、高水位、低流速、粗泥沙等特点,凌洪同流量水位升高 2~3 m,增加了凌汛漫滩与偎堤风险,悬移质泥沙颗粒粒径增大 0.58~9.45 倍,含沙浓度减小 80% 以上,输沙率至少降低 50%,流速减小至

0.35~0.50 m/s，易导致冰凌堆积堵塞形成冰塞冰坝，开河期流速快速增大与水位迅速回落是造成凌汛堤防险情的主要动力因素；在多年泥沙累计淤积与河相变化驱动下，河床整体抬高，河相系数增大，河道深泓点高程总体呈升高趋势，河底坡度整体减小，导致同流量对应水位升高，凌汛期同等封河流量下洪水漫滩概率增加，槽蓄水量与开河期凌峰流量增大，极易在弯道处卡冰堵塞，形成冰塞冰坝，甚至造成重大凌洪漫溃堤灾害；冰坝（严重性冰塞）灾害更易发生于泥沙淤积强度大、坡度较小的宽浅型弯曲河道；1981~2011 年，石嘴山至头道拐河段凌汛期呈现淤积—淤积加重（1986 年后）—微冲的变化趋势，经过多年河道冲淤演变与环境适应，凌洪水沙冲刷利于塑造良好的输水排冰河槽形态，有助于提高凌汛期河道过流能力；分凌区应急调控能够有效减小河道槽蓄水量与凌峰流量，一定程度降低凌汛灾害发生概率，减轻凌灾风险，并影响着凌灾险段的分布格局；复杂变化环境耦合驱动下，凌汛致灾机制更加复杂，突发链发性增强，防控难度增大。

（3）分析了黄河宁蒙段凌汛洪水风险分布特征。结果表明：黄河青铜峡水库库尾以及叶盛黄河大桥至万家寨水库库尾河段属于凌情易发区域，长度约 940 km，凌汛洪水风险分布具有险点多、险段长、影响范围广等特征；黄河宁蒙段冰塞冰坝壅水漫滩风险区面积约为 1 800 km²，高风险区域多位于三湖河口至头道拐河段；黄河宁夏段穿堤沟渠凌洪倒灌风险大于内蒙古段，而内蒙古段凌洪漫溃堤风险明显大于宁夏段，尤其三湖河口至头道拐河段的凌汛堤防险段较多，溃堤风险更大，且凌汛堤防险段或防凌薄弱点多呈空间非连续性分布特征。

第4章　河势分形特征及冰塞险情诊断研究

凌汛冰塞险情是突发性重大凌洪漫溃堤灾害发生的主要前提条件,冰塞易发河段及其险情等级的定量化诊断,对凌汛洪水风险的早期识别与应急调控具有重要意义。目前,已有研究多是考虑水位、流量、气温、河道宽度、工程影响等指标,分析局部河段冰塞冰坝灾害发生的可能性或进行风险评价[173-178],然而大尺度场景下凌汛冰塞易发河段的"弯道效应"更加突出,现有成果尚未明确揭示河势演变与冰塞冰坝的关联特性,且鲜有报道考虑热力环境、动力因素与边界条件等复杂要素的冰塞险情诊断研究成果。因此,本章在前序章节关于凌汛灾害驱动机制与凌汛洪水风险分布特征研究的基础上,运用分形理论,研究横断面、纵剖面与平面等不同维度河势分形特征及其与冰塞冰坝的关联性,并提出基于多组合均匀优化赋权、K-means 聚类与随机森林的冰塞险情诊断方法,运用提出的方法研究黄河宁蒙段冰塞易发河段及其险情等级的空间分布特征,辨识冰塞险情的主要驱动因子,分析冰塞险情变化趋势。

4.1　研究方法

4.1.1　河势分形维数计算方法

根据黄河宁蒙段(以石嘴山至头道拐河段为主)水文测验断面河相系数及水深—面积关系、纵剖面深泓点高程与河底坡度、卫星遥感影像等数据,采用 R/S 分析法计算相关时间序列的赫斯特数和分形维数,分析不同变量随时间变化的趋势、波动性及长程相关性,并基于分形定义提出横断面水深—面积分形维数计算方法。根据黄河宁蒙段历史冰塞冰坝河段形态,分析冰塞险情易发河段的弯曲特性,并基于多年卫星遥感影像提取黄河干流平面形态,采用盒维数法计算不同河段平面弯曲分形维数,探讨横断面、纵剖面与平面等不同维度河势分形特征及其与冰塞冰坝的关联关系。

4.1.1.1　时间序列分形维数 R/S 分析法

R/S 分析方法是由赫斯特在 1965 年提出的一种时间序列统计方法[207]。假设存在时间序列 $\xi(t)$,$t=1,2,3,\cdots,N$;对于任意正整数 $\tau \geqslant 1$,定义其均值序列:

$$\xi(\tau) = \frac{1}{\tau}\sum_{i=1}^{\tau}\xi(t) , \ \tau = 1,2,3,\cdots,N \tag{4-1}$$

用 $X(t)$ 表示累积离差:

$$X(t,\tau) = \sum_{u=1}^{t}[\xi(t)-\xi(\tau)] , \ 1 \leqslant t \leqslant \tau \tag{4-2}$$

极差 R 与标准差 S 定义为:

$$R(\tau) = \max X(t,\tau) - \min X(t,\tau) , \ 1 \leqslant t \leqslant \tau , \ \tau = 1,2,3,\cdots,N \tag{4-3}$$

$$S(\tau) = \left\{ \sum_{u=1}^{t} \left[\xi(t) - \xi(\tau) \right]^2 \right\}^{1/2}, \quad \tau = 1, 2, 3, \cdots, N \qquad (4-4)$$

H.E.Hurst 发现存在经验标度关系：

$$R(\tau)/S(\tau) = R/S \propto (\tau/2)^H \qquad (4-5)$$

$$\ln(R/S) = e + H \ln\tau \qquad (4-6)$$

则 H 称为赫斯特数，e 为常数。

分式布朗运动随机分布函数 $B_H(t)$，布朗运动时间标度 $b\tau$，高为 ba 的总盒子数：

$$N(b, a, \tau) = \frac{b^H \Delta B_H(t)}{ba} \cdot \frac{T}{b\tau} \propto B^{H-2} \propto b^{-D} \qquad (4-7)$$

式中：T 为记录轨迹的时间，D 为多时间尺度自相似分形维数，$D = 2 - H$，表征时间序列变化波动性或易变性。

分布式布朗运动的长程相关性与持久性时间相关函数 $c(t)$：

$$c(t) = \frac{\left[B_H(0) - B_H(-t)\right]\left[B_H(t) - B_H(0)\right]}{\left[B_H(0) - B_H(-t)\right]^{1/2}\left[B_H(t) - B_H(0)\right]^{1/2}} \qquad (4-8)$$

令 $B_H(0) = 0$，则：

$$c(t) = 2^{2H-1} - 1 \qquad (4-9)$$

由以上各式可以看出，H 值一般介于 0 和 1 之间，以 $H = 0.5$ 为分界，不同区间表现出不同的性质：

当 $H = 0.5$ 时，$D = 1.5$，$c(t) = 0$，说明时间序列属于独立随机的布朗运动；

当 $H > 0.5$ 时，$D < 1.5$，$c(t) > 0$，说明时间序列存在一定长程相关性和持久性，过去与未来变化趋势一致，变化增量呈现正相关关系；

当 $H < 0.5$ 时，$D > 1.5$，$c(t) < 0$，说明时间序列具有反持久性，过去与未来变化趋势相反，变化增量呈现负相关关系。

为了判定时间序列变化的长期记忆性，建立统计量 V_τ：

$$V_\tau = \frac{(R/S)_\tau}{\tau^{0.5}} \qquad (4-10)$$

通过 V_τ 与 $\ln\tau$ 关系曲线可以判定时间序列变化的长期记忆性：若该曲线为平坦直线变化，则时间序列为独立随机过程，不存在记忆性；若该曲线为向上倾斜变化，曲线拐点对应 τ 值即为记忆周期长度；若 V_τ 达到峰值后开始变得衰减平坦，说明长程记忆过程开始耗散。

4.1.1.2　横断面水深—面积分形维数计算方法

1986 年，Mandelbrot B.B.给出了简单直观的分形定义：设集合 $A \subset E^n$，如果 A 的局部以某种方式与整体相似，则称 A 为分形集。分形分布满足以下条件[208]：

$$s = a y^{-D} \qquad (4-11)$$

对上式两端取自然对数得：

$$\ln s = \ln a - D \ln y \qquad (4-12)$$

将 $\ln s$ 和 $\ln y$ 点绘于双对数坐标，拟合直线斜率为 $-D$，则分形维数等于 D。

式中：s 为欧式长度；y 为度量尺码；D 为分形维数；a 为比例常数。

本书中的河道横断面水深—面积分形维数是指不同水深对应于断面过流面积的维

数,水深与过流面积之间为正相关关系且存在一定的自相似性,记为:

$$S = kH_H^D \qquad (4-13)$$

两端取对数得:

$$\ln S = \ln k + D\ln H_H \qquad (4-14)$$

式中:H_H 为水深,m;S 为断面过流面积,m^2;D 为横断面水位—面积变化的多尺度自相似分形维数,主要与断面形态有关;k 为比例常数。

4.1.1.3 河道平面弯曲分形维数计算方法

采用盒维数法计算河道平面弯曲的多空间尺度自相似分形维数[140]:设 A 是 n 维欧式空间的子集,对每一个 $\delta > 0$,用 $N_\delta(A)$ 表示覆盖 A 的半径为 δ 的闭球最少个数,若 $\lim_{\delta \to 0} \dfrac{\ln N_\delta(A)}{-\ln \delta}$ 存在,则称此极限为集 A 的盒维数,记为 D,$N_\delta(A) \approx c\delta^{-D}$,即为覆盖 A 的闭球数幂律。基于 GIS 平台的不同尺度盒子覆盖情况,如图 4-1 所示。

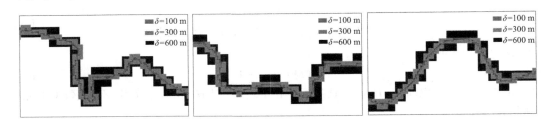

图 4-1 GIS 平台不同尺度盒子覆盖示意图

4.1.2 冰塞险情诊断方法

首先采用层次分析法构建冰塞险情诊断指标体系,进行诊断指标赋值及其标准化处理,然后根据变异系数法、层次分析法、模糊层次分析法与熵权法等多方法综合确定不同指标权重,提出并建立多组合主客观均匀优化赋权的冰塞险情计算模型,通过与加权 TOPSIS 法计算结果以及历史冰塞冰坝发生情况进行对比分析,论证冰塞险情计算结果的合理性,并采用 K-means 聚类算法进行冰塞险情等级划分,由此构造由诊断指标体系标准值及其对应险情等级组成的冰塞险情诊断样本集。之后,采用随机森林、决策树等多种智能算法分别构建冰塞险情诊断模型,经模型样本训练与参数设定,进行多方法诊断的误差分析与精度评判,从而确定冰塞险情诊断的最优方法,在此基础上,辨识冰塞险情主要驱动因子,分析预测黄河宁蒙段凌汛冰塞险情变化趋势。

4.1.2.1 诊断指标数据标准化方法

为了消除不同指标单位和赋值量级的差异性,对不同河段同一指标值进行无量纲标准化处理,假设诊断样本数量为 N,各样本对应诊断指标数量为 M,则构造样本矩阵为:

$$X_{N\times M} = (x_{ij})_{N\times M} \qquad (4-15)$$

式中:x_{ij} 为第 i 个诊断样本的第 j 项指标值。

利用极差变换标准化处理方法构造样本标准化矩阵:

$$Y_{N\times M} = (y_{ij})_{N\times M} \qquad (4-16)$$

若诊断指标与决策目标呈正相关关系,则:

$$y_{ij} = \frac{x_{ij} - x_{\min}(j)}{x_{\max}(j) - x_{\min}(j)} \qquad (4-17)$$

若诊断指标与决策目标呈负相关关系,则:

$$y_{ij} = \frac{x_{\max}(j) - x_{ij}}{x_{\max}(j) - x_{\min}(j)} \qquad (4-18)$$

式中:y_{ij} 为第 i 个诊断样本的第 j 项指标标准化值,且 $0 \leqslant y_{ij} \leqslant 1$;$x_{\max}(j)$ 和 $x_{\min}(j)$ 分别为全部 N 个诊断样本中第 j 项指标的最大值和最小值。

4.1.2.2　冰塞险情计算方法

1.多组合均匀优化加权求和法

基于变异系数法、层次分析法、模糊层次分析法和熵权法等方法的诊断指标权重计算结果,考虑不同方法不同指标权重之间的差异性,建立主客观因素影响的诊断指标权重均匀化方程,由此提出多组合主客观定性定量均匀优化赋权方法,从而求得诊断指标的最优权重,通过赋权权重与样本标准化指标值加权求和,计算不同河段冰塞险情,本书以冰塞易发风险度作为度量冰塞险情大小的参数。

假设变异系数法、层次分析法、模糊层次分析法和熵权法求得的诊断指标综合权重向量分别为 $\boldsymbol{W}^1$、$\boldsymbol{W}^2$、$\boldsymbol{W}^3$ 和 $\boldsymbol{W}^4$,则:

$$\boldsymbol{W}^n = (w_1^n, w_2^n, \cdots, w_M^n)^{\mathrm{T}} \qquad (n = 1, 2, 3, 4) \qquad (4-19)$$

根据不同方法诊断指标权重向量,计算指标权重间的变异系数 CVW^n:

$$CVW^n = \sigma(\boldsymbol{W}^n) / \mu(\boldsymbol{W}^n) \qquad (4-20)$$

计算不同方法主客观指标权重均匀优化系数 η_n:

$$\eta_n = 1 - \frac{CVW^n}{\sum\limits_{i=1}^{4} CVW^i} \qquad (4-21)$$

对 η_n 进行归一化处理,得到指标权重修正系数 η_n^*,由此可得各诊断指标综合优化权重向量 $\bar{W}$:

$$\bar{W} = \sum_{n=1}^{4} \eta_n^* \cdot \boldsymbol{W}^n \qquad (4-22)$$

2.加权 TOPSIS 方法

本书采用加权 TOPSIS 法计算冰塞易发风险度,并与主客观均匀优化加权求和法的计算结果进行对比分析,以论证优化方法的可靠性,计算步骤如下[209]:

第 1 步:诊断指标同趋势化。

假设诊断样本数量为 N,诊断指标数量为 M,构造样本矩阵 $\boldsymbol{X}_{N \times M} = (x_{ij})_{N \times M}$,针对不同诊断指标与总目标的正负相关性,采用倒数法($1/x$)调整绝对数低优指标,差值法($1-x$)调整相对数低优指标,统一各指标为高优指标趋势。

第 2 步:诊断指标无量纲归一化。

考虑不同诊断指标计量单位的差异性,采用指标值无量纲归一化处理消除其对综合诊断结果的影响。假设同趋势化后样本矩阵为 $\boldsymbol{F}_{N \times M} = (f_{ij})_{N \times M}$,无量纲归一化后样本矩阵为 $\boldsymbol{Z}_{N \times M} = (z_{ij})_{N \times M}$,则:

$$z_{ij} = \frac{f_{ij}}{\sqrt{\sum_{i=1}^{N} f_{ij}^{2}}} \quad (4\text{-}23)$$

第 3 步:确定不同诊断样本的最优方案 Z^+ 和最劣方案 Z^-。

$$Z^+ = (z_1^+, z_2^+, \cdots, z_M^+) \quad (4\text{-}24)$$

$$Z^- = (z_1^-, z_2^-, \cdots, z_M^-) \quad (4\text{-}25)$$

$$z_j^+ = \max_{1 \leqslant i \leqslant N} \{z_{ij}\}, \; z_j^- = \min_{1 \leqslant i \leqslant N} \{z_{ij}\}, \; j = 1, 2, \cdots, M \quad (4\text{-}26)$$

第 4 步:计算不同诊断样本与最优方案和最劣方案的加权欧式距离 D_i^+ 和 D_i^-。

$$D_i^+ = \sqrt{\sum_{j=1}^{M} \left[w_j (z_{ij} - z_{ij}^+) \right]^2} \quad (4\text{-}27)$$

$$D_i^- = \sqrt{\sum_{j=1}^{M} \left[w_j (z_{ij} - z_{ij}^-) \right]^2} \quad (4\text{-}28)$$

式中:w_j 为不同诊断指标综合权重,$i = 1, 2, \cdots, N$。

第 5 步:计算不同诊断样本与最优方案的接近程度 C_i。

$$C_i = \frac{D_i^-}{D_i^+ + D_i^-} \quad (4\text{-}29)$$

式中:$0 \leqslant C_i \leqslant 1$,$C_i$ 越趋近于 1,说明第 i 个诊断样本越接近于最优方案,即冰塞易发风险度越大,反之则冰塞易发风险度越小。

4.1.2.3 冰塞险情聚类算法

以冰塞易发风险度作为不同河段相似性度量函数,采用 K-means 聚类算法,通过迭代分析寻求最优聚类,划分冰塞险情等级,步骤如下[210]:

第 1 步,构建不同诊断样本冰塞易发风险度数据集 $S = \{S_1, S_2, \cdots, S_N\}$,初始化 k 个聚类中心,不同聚类中心各对应一个簇,表示为 $P = \{P_1, P_2, \cdots, P_k\}$,$1 < k \leqslant N$。

第 2 步,将数据集中每一数据划分至欧氏距离最近的聚类中心所在类簇中,数据分配完成,重新计算 k 个类簇数据平均值,对应得到新的聚类中心。

第 3 步,重复迭代第 2 步操作,数据再分配,不断更新聚类中心,直至聚类中心不变,从而得到最优聚类结果。

K-means 聚类算法中第 i 个诊断样本数据 S_i 与第 j 个聚类中心 U_j 间欧氏距离计算公式为:

$$d(S_i, U_j) = \| S_i - U_j \|_2, \; 1 \leqslant i \leqslant N, \; 1 \leqslant j \leqslant k \quad (4\text{-}30)$$

由上式可知,对于每个聚类中心,类簇中所有样本数据欧氏距离之和越小,说明聚类效果越好,样本与聚类中心相似度越高。

采用手肘法分析确定聚类中心个数 k 值,衡量指标是误差平方和 SSE,计算公式如下:

$$SSE = \sum_{i=1}^{k} \sum_{S \in P_i} | S - U_i |^2 \quad (4\text{-}31)$$

手肘法判定 k 值的主要思路是:随着聚类中心数量的增加,各类簇中样本聚合程度不断提高,样本与聚类中心距离平方和减小;当 k 小于真实聚类数目时,各类簇中样本聚合程度会随 k 的增大而迅速提高,而 SSE 表现为迅速大幅下降;当 k 大于真实聚类数目时,簇中样本聚合程度便会迅速降低，SSE 下降幅度会大幅减小至趋于平缓，SSE 与 k 值关系曲线为手肘形状，肘部对应 k 值即为最佳聚类数目。

4.1.2.4　基于随机森林的冰塞险情诊断方法

基于多组合均匀优化赋权法构造的诊断样本集，采用随机森林（RF）、支持向量机（SVM）、决策树（DT）、先验为高斯分布的朴素贝叶斯（GNB）、先验为多项式分布的朴素贝叶斯（MNB）、K 最邻近（KNN）、自适应增强（ADA）和梯度提升（GB）等八种有监督机器学习分类方法[211-213]，分别构建对应的冰塞险情诊断模型，对比分析诊断精度，从而确定最优方法，以下简述随机森林诊断算法原理、诊断精度评判指标以及诊断指标的重要性分析方法。

1.随机森林算法原理

随机森林算法是由分类树和 Bagging 两部分组成的一种新型分类算法，随机森林由一系列树型分类器 $\{h(x, \Theta_k), k = 1, 2, \cdots\}$ 组成，其中 Θ_k 为独立同分布随机向量，$h(x, \Theta_k)$ 为构造的未经剪枝的分类树，每棵树对输入向量 x 进行分类决策投票，根据分类树所有投票结果，即可得到某一诊断样本对应的冰塞险情等级[214]。

随机森林生成步骤如图 4-2 所示。首先，采用 Bootstrap 方法从训练样本集 G 中抽样选取 k 个子训练样本集 $\{G_1, G_2, \cdots, G_k\}$，并构建 k 棵分类树；然后，在分类树每个节点上，随机从 n 个指标中选取 m 个，选择最优分割指标进行分割，并重复选择指标、分割，直至遍历 k 棵分类树；最后，将 k 棵分类树聚集，构建完整的随机森林。

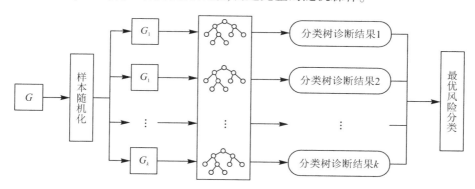

图 4-2　随机森林生成步骤

运用随机森林算法进行冰塞险情诊断时，需要将待诊断样本输入到训练好的分类树中，叶子节点上分布的险情等级即为对应分类树的诊断结果，将各棵分类树叶子上的险情等级进行数据平均[式（4-32）]，即得到整个随机森林的冰塞险情等级诊断结果。

$$P(c \mid v) = \sum_{t=i}^{T} P_t(c \mid v) \tag{4-32}$$

式中：T 为随机森林分类树数目；c 为某一险情等级；$P(c \mid v)$ 为冰塞险情等级 c 在叶子节点 v 处发生的概率函数。

Bootstrap 方法通过对训练样本进行重抽样，分割节点，随机选择指标，能够降低不同分类树之间的联系，而剪枝操作会增加分类树偏差，因此本书冰塞险情诊断不对单棵树进行剪枝操作，使分类树处于低偏差状态，以保障冰塞险情等级诊断的准确性。

2.诊断精度评判指标

采用精确率（Precision）、召回率（Recall）和综合评判指标（F-Measure，又称 F-Score）确定冰塞险情的诊断精度，其中精确率表示被分为正例的样本中实际为正例的比例，召回率是实际正例被分为正例的比例，F-Measure 指标是精确率与召回率的加权调和平均，P、R 和 F 越大，说明诊断精度越高[215]。

$$P = \frac{TP}{TP+FP} \times 100\% \tag{4-33}$$

$$R = \frac{TP}{TP+FN} \times 100\% \tag{4-34}$$

$$F = \frac{(\alpha^2+1) P \cdot R}{\alpha^2(P+R)} \times 100\% \tag{4-35}$$

当参数 $\alpha = 1$ 时，即为最常见的 F_1：

$$F_1 = \frac{2P \cdot R}{P+R} \times 100\% \tag{4-36}$$

式中：P 指精确率，%；TP 指将正例诊断为正例的样本数量，个；FP 指将非正例诊断为正例的样本数量，个；R 指召回率（%）；FN 指将正例诊断为非正例的样本数量，个。

3.诊断指标的重要性分析方法

通过计算诊断指标在随机森林中每棵树上所做的贡献，比较不同指标平均贡献大小，从而确定其重要程度。本书采用基尼指数分析诊断指标贡献度[216]：

$$GI_m = 1 - \sum_{k=1}^{K} p_{mk}^2 \tag{4-37}$$

$$VIM_{jm}^{gini} = GI_m - GI_l - GI_r \tag{4-38}$$

$$VIM_{ij}^{gini} = \sum_{m \in M} VIM_{jm}^{gini} \tag{4-39}$$

$$VIM_j^{gini} = \sum_{i=1}^{n} VIM_{ij}^{gini} \tag{4-40}$$

$$VIM_{1j} = \frac{VIM_j}{\sum_{i=1}^{c} VIM_i} \tag{4-41}$$

式中：p_{mk} 为节点 m 中类别 k 所占的样本权重；GI_m 为节点 m 中类别 k 的基尼指数；GI_l 和 GI_r 分别为分枝后两个新节点的基尼指数；VIM_{ij}^{gini} 为诊断指标 Xj 在第 i 棵树的贡献度；VIM_j^{gini} 为诊断指标 Xj 的贡献度；VIM_{1j} 为诊断指标 Xj 贡献度归一化结果。

4.2　河势分形特征及其与冰塞冰坝的关联性分析

4.2.1　横断面—纵剖面—平面河势分形特征

4.2.1.1　横断面河相系数与水深—面积关系

1.河相系数

根据不同水文测验断面历年河相系数，采用 R/S 分析法计算河相系数随时间变化的

的赫斯特数 H、分形维数 D、长程相关性参数 $c(t)$ 和记忆周期 τ，如表 4-1 和图 4-3 所示。河相系数分形维数的物理意义是表征平滩流量下横断面宽深比河相易变波动性，不同断面河相系数变化具有多尺度自相似分形特征；不同测验断面统计参数 $H>0.5$ 且 $c(t)>0$，说明河相系数变化具有正向长程相关性，变化趋势相关程度由大至小分别为三湖河口、头道拐、石嘴山和巴彦高勒，对应最长记忆周期分别为 23a、23a、23a 和 6a，中间出现若干短时记忆耗散现象；河相系数分形维数由大至小排序依次为巴彦高勒、石嘴山、头道拐和三湖河口，说明巴彦高勒断面河相系数的易变波动性最大，石嘴山站次之，三湖河口站最小。

表 4-1　不同测验断面河相系数 R/S 分析结果统计

测验断面	赫斯特数 H	拟合参数 R^2	万倍分形维数 D	长程相关性 $c(t)$	记忆周期 $T(a)$
石嘴山	0.742 3	0.925 8	12 577	0.399 2	23
巴彦高勒	0.574 9	0.891 6	14 251	0.109 4	6
三湖河口	0.820 6	0.935 9	11 794	0.559 6	23
头道拐	0.790 6	0.918 6	12 094	0.496 1	23

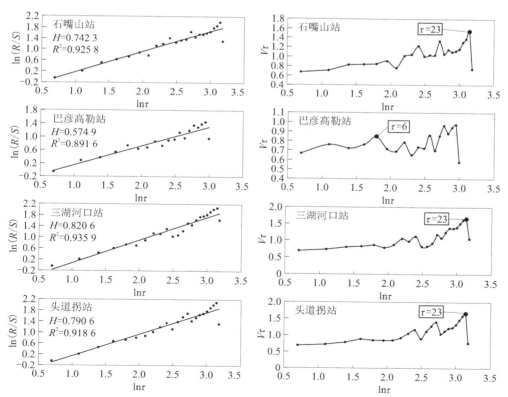

图 4-3　不同水文测验断面河相系数赫斯特数与长程记忆周期

2.水深—面积关系

根据不同测站不同年份实测断面数据,计算不同水深对应断面过流面积,绘制 $\ln H_H$ 与 $\ln S$ 双对数散点图,如图 4-4 所示,不同年份不同测验断面水深—面积分形维数,如表 4-2 所示。横断面水深—面积分形维数的物理意义是表征不同水深对应河槽宽度增量的波动性,不同断面水深—面积关系变化具有多尺度自相似分形特征;同一测站水深—面积分形维数年际变化较大,不同断面水深—面积分形维数的多年均值由大至小排序依次为三湖河口、巴彦高勒、头道拐和石嘴山,说明三湖河口断面水深—面积关系易变程度最高,不同水深对应河宽的变化波动性最大,巴彦高勒和头道拐断面次之,石嘴山断面水深—面积关系最为稳定。

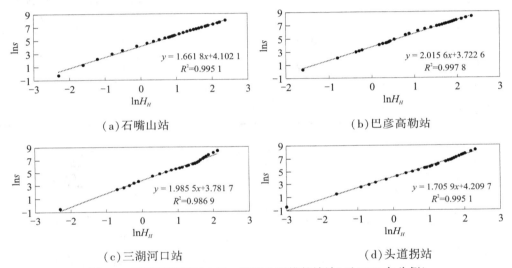

(a)石嘴山站　　　　　　　　　　　　(b)巴彦高勒站

(c)三湖河口站　　　　　　　　　　　(d)头道拐站

图 4-4　不同测站断面水深—面积分形维数统计(以 2011 年为例)

表 4-2　不同年份不同测验断面水深—面积万倍分形维数统计

测验断面	水深—面积万倍分形维数 D 与拟合参数 R^2								
	1981 年		1989 年		2007 年		2011 年		多年均值
	D	R^2	D	R^2	D	R^2	D	R^2	D
石嘴山	17 830	0.985 2	19 245	0.998 2	17 511	0.993 0	16 618	0.995 1	17 801
巴彦高勒	17 774	0.990 8	20 118	0.983 8	24 905	0.989 9	20 156	0.997 8	20 738
三湖河口	28 573	0.988 3	15 986	0.991 7	24 843	0.990 9	19 855	0.986 9	22 314
头道拐	23 847	0.992 7	17 816	0.992 9	17 212	0.993 1	17 059	0.995 1	18 984

4.2.1.2　纵剖面深泓点高程与平均底坡

1.深泓点高程

根据不同水文测验断面历年深泓点高程,采用 R/S 分析法计算不同断面深泓点高程变化的赫斯特数与长程记忆周期,如表 4-3 和图 4-5 所示。深泓点高程分形维数的物理意义是表征主槽深泓纵向升降的易变波动性,不同断面深泓点高程变化具有多尺度自相似分形特征;不同断面 $H>0.5$ 且 $c(t)>0$,说明深泓点高程变化具有正向长程相关性,相关程度由大至小分别为三湖河口、头道拐、巴彦高勒和石嘴山,对应最长记忆周期分别为 23a、23a、13a 和 23a,中间出现若干短时记忆耗散现象;不同断面深泓点高程分形维数由大至小依次为石嘴山、巴彦高勒、头道拐和三湖河口,说明石嘴山断面深泓点高程的易变波动性最大,巴彦高勒次之,三湖河口断面深泓点高程的易变波动性最小。

表 4-3　不同水文测验断面深泓点高程 R/S 分析结果统计

测验断面	赫斯特数 H	拟合参数 R^2	万倍分形维数 D	长程相关性 $c(t)$	记忆周期 $\tau(a)$
石嘴山	0.582 0	0.916 4	14 180	0.120 4	23
巴彦高勒	0.642 0	0.945 8	13 580	0.217 6	13
三湖河口	0.784 8	0.938 8	12 152	0.484 1	23
头道拐	0.675 3	0.857 6	13 247	0.275 1	23

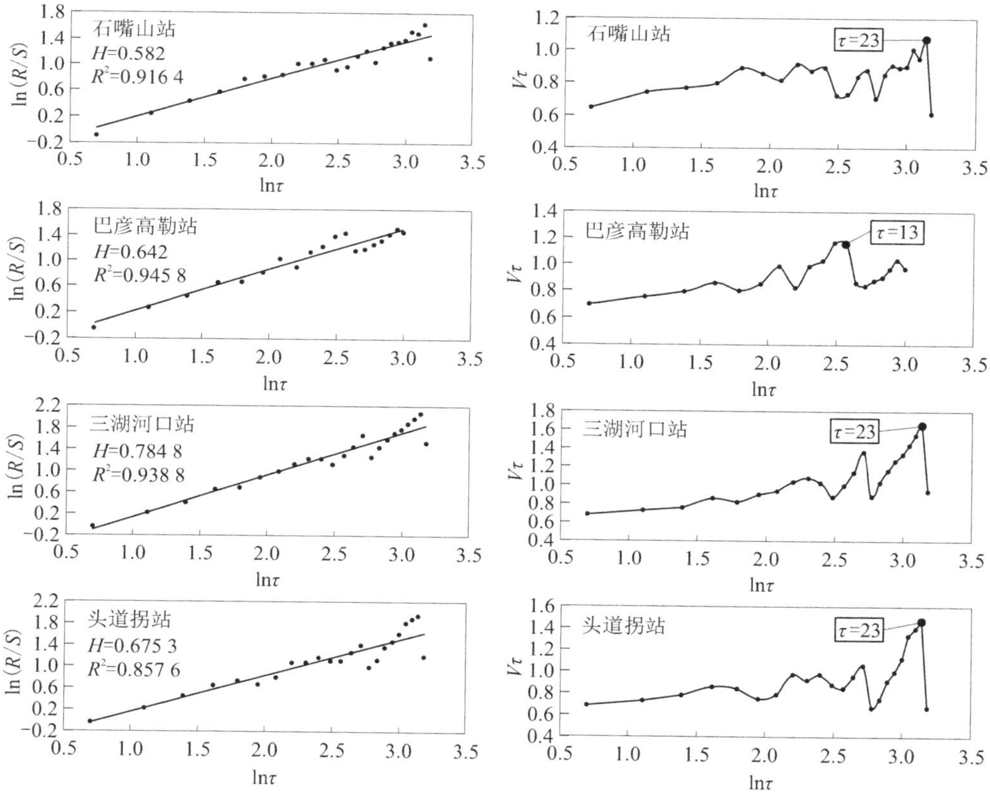

图 4-5　不同水文测验断面深泓点高程赫斯特数与长程记忆周期

2.河段平均底坡

根据不同河段多年平均底坡,采用 R/S 分析法计算不同河段平均底坡随时间变化的赫斯特数 H、分形维数 D、长程相关性参数 $c(t)$ 和记忆周期 τ,如表 4-4 和图 4-6 所示。河段平均底坡分形维数的物理意义是表征河段坡度的易变波动性,不同河段平均底坡变化具有多尺度自相似分形特征;不同河段统计参数 $H>0.5$ 且 $c(t)>0$,说明河段平均底坡变化具有正向长程相关性,相关程度由大至小分别为巴彦高勒—三湖河口段、三湖河口—头道拐河段和石嘴山—巴彦高勒河段,对应最长记忆周期分别为 >20a、>20a 和 12a;不同河段平均底坡分形维数由大至小排序依次为石嘴山—巴彦高勒河段、三湖河口—头道拐河段和巴彦高勒—三湖河口河段,说明石嘴山—巴彦高勒河段平均底坡的易变波动性最大,三湖河口—头道拐河段次之,巴彦高勒—三湖河口段平均底坡的易变波动性最小。

表 4-4　不同河段平均底坡 R/S 分析结果统计

不同河段	赫斯特数 H	拟合参数 R^2	万倍分维数 D	长程相关性 $c(t)$	记忆周期 $\tau(a)$
石嘴山—巴彦高勒	0.601 6	0.916 5	13 984	0.151 2	12
巴彦高勒—三湖河口	0.835 8	0.968 8	11 642	0.592 8	>20
三湖河口—头道拐	0.830 1	0.970 1	11 699	0.580 3	>20

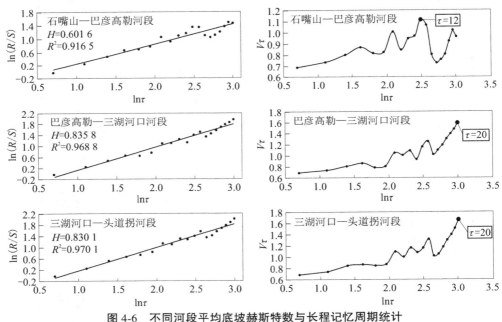

图 4-6　不同河段平均底坡赫斯特数与长程记忆周期统计

4.2.1.3　平面弯曲形态

1.历史冰塞冰坝典型河段

根据《黄河冰情》记载,历史冰塞冰坝典型河段的平面形态如表 4-5 所示,可知冰塞冰坝发生河段具有弯曲度大、浅滩和束窄等特点,弯道是凌汛期冰塞冰坝险情发生的关键位置,比如五镇牛夭子、胡成万滩、西付家圪堵和君二昌营子等河段,均是弯曲度较大的典型河湾,弯道特征明显。上游流凌易在弯曲河段凸岸积聚形成初始冰盖,并逐渐演化成覆盖全断面的加厚冰盖,在高密度流凌条件下,弯道极易发生冰塞冰坝,其特殊河势是冰塞冰坝形成致灾的主要驱动因素。

表 4-5　历史冰塞冰坝典型河段平面形态

地点	河道形态	地点	河道形态	地点	河道形态
九店湾	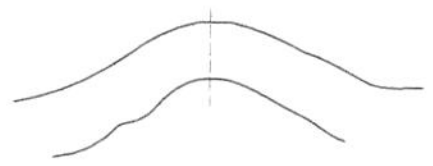	龙五圪梁		四大股	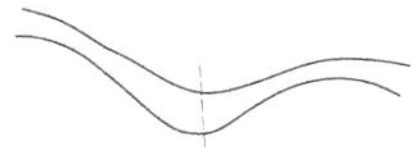
五犋牛天子	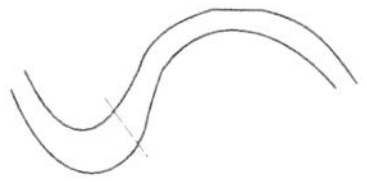	黄白茨湾		色气	
四合兴		民族团结渠口		杨满圪旦	
树尔圪梁	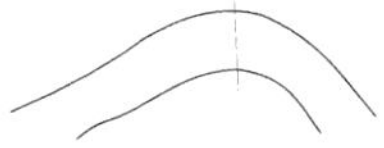	羊盖补隆		四科河头	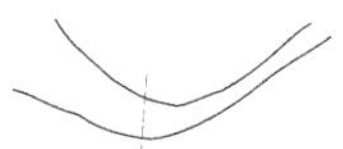
蒲圪卜	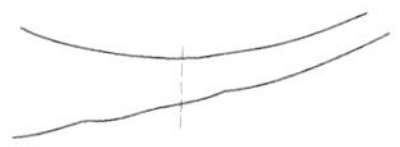	打不素台	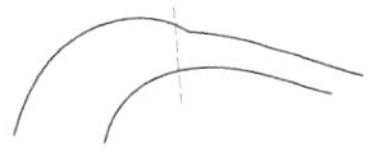	李虎圪堵	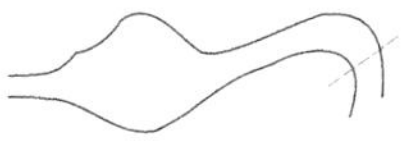
胡成万滩	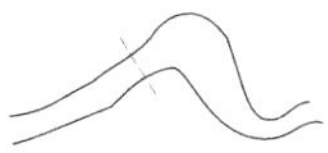	刘柱拐		恒元成	
五十四顷地		西付家圪堵	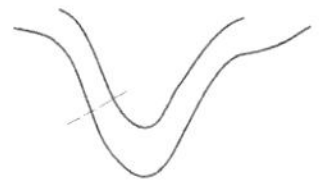	王根圪卜	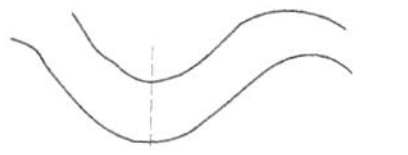
王六营子		二老汉天子		九股地	
柳林圪梁		君二昌营子	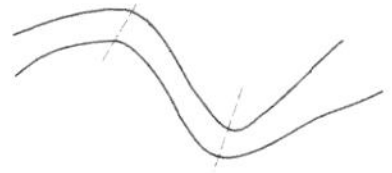	王恒圪堵	
苏卜盖	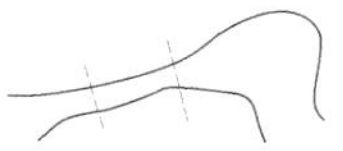	南海子	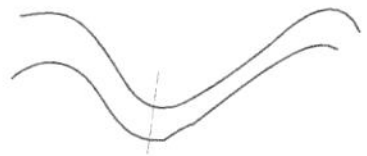	立门营子	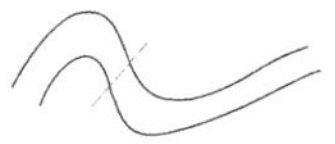

2.不同河段弯曲分形特征

根据黄河宁蒙段 1986 年、1989 年、1994 年、1997 年、2001 年、2007 年、2011 年和 2018 年等不同年份伏汛期之后的卫星遥感影像，基于 GIS 平台提取不同年份河道主槽中心线，采用盒维数法，计算不同河段不同盒子尺度对应的盒子数量，绘制 $\ln N_\delta(A)$ 与 $\ln\delta$ 双对数散点图，并采用最小二乘法回归拟合，如图 4-7 所示。不同河段不同年份主槽弯曲分形维数如表 4-6 所示。

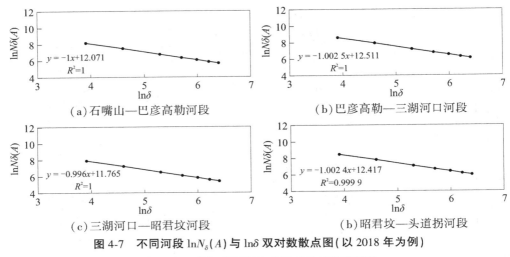

（a）石嘴山—巴彦高勒河段　　　　　　（b）巴彦高勒—三湖河口河段

（c）三湖河口—昭君坟河段　　　　　　（b）昭君坟—头道拐河段

图 4-7　不同河段 $\ln N_\delta(A)$ 与 $\ln\delta$ 双对数散点图（以 2018 年为例）

表 4-6　不同河段不同年份弯曲分形维数统计

不同河段	河段弯曲万倍分形维数 D								
	1986 年	1989 年	1994 年	1997 年	2001 年	2007 年	2011 年	2018 年	年均值
石嘴山—巴彦高勒	9 987	10 003	10 020	9 944	9 966	9 996	10 010	10 000	9 991
巴彦高勒—三湖河口	10 032	10 036	10 014	10 003	10 035	10 009	9 996	10 025	10 019
三湖河口—昭君坟	10 067	9 960	10 052	10 049	10 023	9 983	9 999	9 960	10 012
昭君坟—头道拐	10 019	9 998	10 036	10 024	10 024	10 081	10 064	10 024	10 034
石嘴山—头道拐	10 025	10 006	10 027	10 003	10 015	10 023	10 019	10 009	10 016

由图 4-7 和表 4-6 分析可知：

（1）河道主槽弯曲分形维数的物理意义是表征河流平面形态的弯曲性及河湾发育程度[139]，即河段蜿蜒性和不规则性，其与弯曲率并不相同，弯曲率一般表示长距离河流的整体弯曲程度，掩盖了小尺度河湾发育细节及弯道蜿蜒性[140]。

（2）河道平面形态变化具有多尺度自相似分形特征，主槽弯曲分形维数多年均值由大至小排序依次为昭君坟—头道拐河段、巴彦高勒—三湖河口河段、三湖河口—昭君坟河段、石嘴山—巴彦高勒河段，说明昭君坟—头道拐弯曲型河段的河湾发育程度最高，巴彦高勒—三湖河口分汊型河段次之，石嘴山—巴彦高勒河段最小。

（3）不同河段的主槽弯曲分形维数年际变化较大，1986~2018 年间，石嘴山至头道拐不同河段万倍弯曲分形维数的变化区间分别为[9944，10020]、[9996，10036]、[9960，10067]、[9998，10081]，说明三湖河口—昭君坟河段和昭君坟—头道拐河段河湾发育程度变化更大，一定程度反映了该河段受水沙冲淤影响，主槽摆动大、弯道较多。

（4）表 4-6 中河流中心线分形维数 D 存在个别小于 1 的情况，经筛选典型局部河段对比分析，发现分形维数 $D<1$ 的河段一般具有以下特点：相对于河道中心线直线长度而言，

河湾弧度比较大;相当河湾尺度下,河道中心线较光滑,河势渐变较慢;正交直角坐标系下,河道走向具有蜿蜒迂回特点,即存在同一横坐标(x)对应多个纵坐标值(y)且同一纵坐标(y)对应多个横坐标值(x)。

4.2.2 河势分形与冰塞冰坝的关联性分析

根据黄河石嘴山至头道拐段横断面河相系数与水深—面积关系、纵剖面深泓点高程与河段平均底坡、平面主槽弯曲形态等不同维度河势的多尺度自相似分形特征,建立其与历史冰塞冰坝(严重性冰塞)发生频次之间的关联关系,如表4-7所示。

表 4-7 黄河石嘴山至头道拐段不同维度河势分形维数与冰塞冰坝发生频次的关联关系

典型河段	测站	冰塞次数	冰坝次数	横断面万倍分形维数		纵剖面万倍分形维数		平面弯曲万倍分维
				河相系数	水深—面积	深泓高程	平均底坡	
石嘴山—巴彦高勒河段	石嘴山	4	34	12 577	17 801	14 180	13 984	9 991
	巴彦高勒			14 251	20 738	13 580		
巴彦高勒—三湖河口河段		3	53				11 642	10 019
	三湖河口			11 794	22 314	12 152		
三湖河口—昭君坟河段			41					10 012
	昭君坟						11 699 (三头河段)	
昭君坟—头道拐河段	头道拐	1	165	12 094	18 984	13 247		10 034

根据表4-7统计结果,建立不同河段历史冰坝(严重性冰塞)发生频次与平面主槽弯曲分形维数的关联关系,并以上下游水文测验断面河相系数、水深—面积关系、深泓高程及河段底坡分形维数的平均值作为对应河段的横断面与纵剖面分形维数,绘制横断面、纵剖面和平面等不同维度河势分形维数与冰坝发生频次关联曲线,如图4-8所示。河道多维河势分形与冰塞冰坝灾害存在一定的驱动关联关系,其中冰坝发生频次与河道主槽弯曲分形维数呈正相关指数型关系,说明冰坝易发河段的平面形态蜿蜒曲折、河湾发育程度高、主河槽偏移摆动复杂不规则,河流弯道对凌汛期冰凌下潜、冰塞冰坝形成致灾具有正向驱动作用;冰坝发生频次与河相系数、深泓高程及河段底坡分形维数呈负相关关系,说明河相系数、深泓高程和平均底坡分形维数越大,即三类因素易变波动性越大,冰坝发生

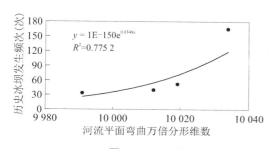
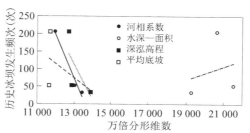

图 4-8 不同维度河势分形维数与冰坝发生频次的关联曲线

概率越低,一定程度反映了河型及河槽稳定性与冰坝灾害的关联关系,比如分汊型河道(巴彦高勒—三湖河口河段)河相易变但河相系数仍较小、平均底坡偏大,与三湖河口—头道拐河段相比,该河段具有窄深、坡度大等特点,因未能突破河型转化,并不构成加剧冰坝灾害形成的边界条件;冰坝发生频次与横断面水深—面积分形维数正相关,说明在水沙冲淤与河床整体抬高影响下,不同水深对应断面面积或过流能力变化越大,河段宽浅化程度越高,凌汛洪水漫滩概率越大,越容易造成冰坝灾害。

4.3　黄河宁蒙段冰塞险情诊断模型

4.3.1　诊断指标体系

4.3.1.1　诊断样本划分

本章以黄河石嘴山至头道拐河段为研究对象,根据河段地理位置和河势走向,将其平均划分为 64 个小尺度诊断样本,每个样本河段的河槽中心线长度为 10~11 km,位置分布如图 4-9 所示。

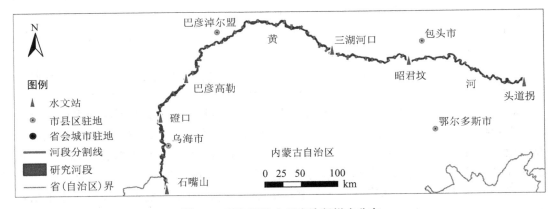

图 4-9　研究河段小尺度诊断样本分布

4.3.1.2　诊断指标体系构建、赋值及标准化处理

根据凌汛灾害主要成因,考虑热力环境、动力因素和边界条件三类因素,建立目标层、准则层和指标层三层递阶的冰塞险情诊断指标体系(见图 4-10),其中目标层为凌汛冰塞易发风险度 A,准则层分为热力环境 B1、动力因素 B2 和边界条件 B3,指标层包括凌汛期平均气温 C1(℃)、累积负气温 C2(℃)、凌汛周期 C3(d)、最大冰厚 C4(cm)、凌峰流量 C5(m³/s)、单位河长槽蓄水增量 C6(10⁵ m²)、平滩流量 C7(m³/s)、单位河长泥沙淤积量 C8(万 t/ km)、河相系数 C9(m^{1/2})、底坡比降 C10(‰)、河槽弯曲系数 C11、平滩宽间距 C12(m)、桥梁工程 C13(座)等,共 13 个底层诊断指标,其中:C1~C4 属于热力环境 B1,主要反映凌汛期气温变化因素对冰塞险情的影响;C5~C7 属于动力因素 B2,主要反映凌汛洪水动力条件对冰塞险情的驱动作用;C8~C13 属于边界条件 B3,主要反映河道形态、河势变化及工程设施等要素对冰塞险情的影响。针对不同诊断指标,选取 1951~2018 年

不同时段实测数据,以多年均值对诊断指标进行赋值(见图 4-11),构建诊断样本矩阵,并进行数据标准化处理。

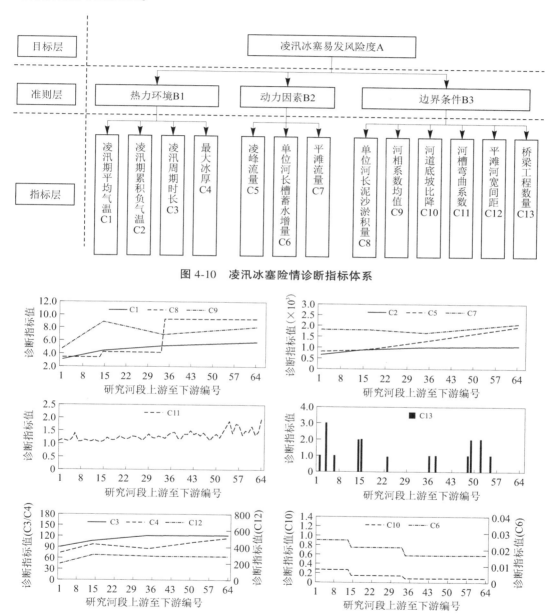

图 4-10　凌汛冰塞险情诊断指标体系

图 4-11　冰塞险情诊断指标赋值结果

4.3.1.3　诊断指标赋权

根据层次分析法重要性比例标度规则,结合专家经验打分,构造不同指标递阶层次判断矩阵(见图 4-12),该矩阵满足一致性检验标准。

$$\begin{bmatrix} A & B1 & B2 & B3 \\ B1 & 1 & 1 & 1 \\ B2 & 1 & 1 & 1 \\ B3 & 1 & 1 & 1 \end{bmatrix}$$ $$\begin{bmatrix} B1 & C1 & C2 & C3 & C4 \\ C1 & 1 & 1 & 3 & 3 \\ C2 & 1 & 1 & 3 & 1 \\ C3 & 1/3 & 1/3 & 1 & 1/3 \\ C4 & 1/3 & 1 & 3 & 1 \end{bmatrix}$$ $$\begin{bmatrix} B2 & C5 & C6 & C7 \\ C5 & 1 & 3 & 7 \\ C6 & 1/3 & 1 & 5 \\ C7 & 1/7 & 1/5 & 1 \end{bmatrix}$$ $$\begin{bmatrix} B3 & C8 & C9 & C10 & C11 & C12 & C13 \\ C8 & 1 & 1/3 & 1/3 & 1/7 & 1/4 & 1/5 \\ C9 & 3 & 1 & 1 & 1/5 & 1 & 1/3 \\ C10 & 3 & 1 & 1 & 1/5 & 3 & 1/2 \\ C11 & 7 & 5 & 5 & 1 & 6 & 5 \\ C12 & 4 & 1 & 1/3 & 1/6 & 1 & 1/3 \\ C13 & 5 & 3 & 2 & 1/5 & 3 & 1 \end{bmatrix}$$

图 4-12　不同指标递阶层次判断矩阵

根据变异系数法、层次分析法、模糊层次分析法和熵权法求得的不同指标权重，计算不同方法指标权重的变异系数分别为 1.897 0、0.858 7、0.494 5、1.518 6，主客观指标权重均匀优化修正系数 η_1^* 至 η_4^* 分别为 0.200 7、0.273 3、0.298 8 和 0.227 2，从而对应求得不同诊断指标多组合均匀优化权重，如图 4-13 所示。不同方法指标权重计算结果各不相同，变异系数法与熵权法求得的不同指标客观权重差异性较大，层次分析法与模糊层次分析法融入主观经验因素，使得个别指标综合权重较大但整体差异性偏小，可见多组合优化赋权对主客观因素进行了整体均匀化处理，指标权重更加合理可靠，冰塞险情影响权重较大的因素是跨河桥梁、凌峰流量、河底坡降、泥沙淤积量、槽蓄水增量、弯曲系数和气温等，与实际冰塞或冰坝灾害的主要影响因素基本相符。

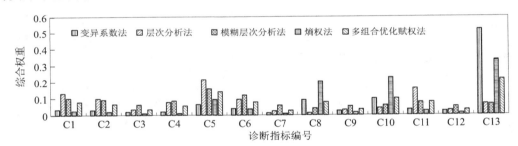

图 4-13　不同方法诊断指标综合权重计算结果

4.3.2　诊断样本集构造

4.3.2.1　冰塞险情计算与合理性检验

根据不同方法诊断指标综合权重计算结果，将指标权重与数据标准值对应加权求和，得到不同诊断样本的冰塞险情大小，即冰塞易发风险度，为了对比验证计算结果的合理性，同时采用加权 TOPSIS 方法计算冰塞险情，如图 4-14 所示。分析可知：加权求和法冰塞险情计算结果呈现自上游至下游逐渐增大的空间变化趋势，与历史冰塞冰坝河段的分布规律基本一致，变异系数法和熵权法能够更好地反映局部冰塞易发险段，但因过于放大局部风险而导致上下游冰塞险情分布并不合理，多组合均匀优化赋权法能够同时体现冰塞险情的整体变化趋势及局部冰塞易发险段的分布情况。加权 TOPSIS 法计算结果，前 13 个诊断样本冰塞易发风险度明显偏大，且全河段冰塞险情自上游至下游多为平坦化升高趋势，未能反映出沿程冰塞险情异常突出的河段，与实际冰塞冰坝险段的分布特征并不相符。根据加权求和法冰塞险情计算结果，确定局部范围内冰塞易发风险度较大的河段如图 4-15 所示,其空间位置与历史冰塞冰坝险段分布基本保持一致。综上所述,初步说明多组合均匀优化加权求和法更加可靠,计算结果能够较为准确地反映整体及局部河段冰塞险情的空间分布特征。

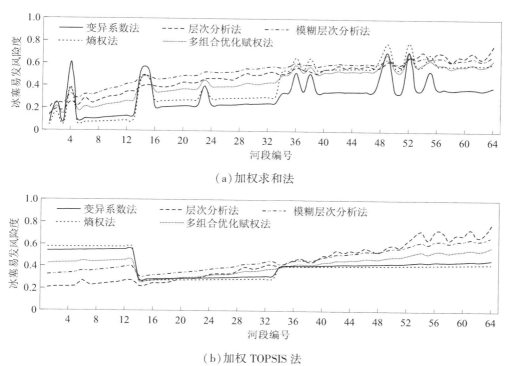

(a)加权求和法

(b)加权 TOPSIS 法

图 4-14　加权求和法与加权 TOPSIS 法凌汛冰塞险情计算结果

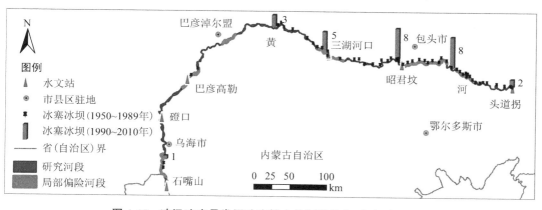

图 4-15　凌汛冰塞易发风险度较大的河段分布(加权求和法)

4.3.2.2　冰塞险情聚类与诊断样本集构造

1.冰塞险情聚类与等级划分

采用 K-means 聚类算法对多组合均匀优化加权求和法以及加权 TOPSIS 法计算得到的冰塞易发风险度进行等级划分,通过计算不同聚类中心数目 $k(k=2,3,\cdots,8)$ 对应的样本与簇聚类中心距离误差平方和 SSE,绘制 $SSE\text{-}k$ 关系曲线,如图 4-16 所示。根据手肘法确定最佳聚类数目 $k=4$，即冰塞险情划分为四个等级：低风险、中风险、高风险和极高风险。不同风险等级对应聚类中心及诊断样本数量如表4-8所示。

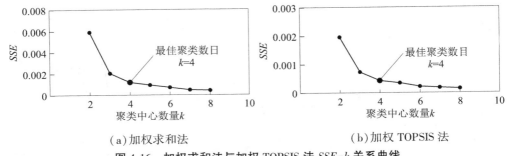

（a）加权求和法　　　　　　　　　（b）加权 TOPSIS 法

图 4-16　加权求和法与加权 TOPSIS 法 SSE-k 关系曲线

表 4-8　不同方法凌汛冰塞险情等级划分成果

加权求和法			加权 TOPSIS 法		
风险等级	聚类中心	样本数量	风险等级	聚类中心	样本数量
低风险	0.21	12	低风险	0.28	10
中风险	0.39	19	中风险	0.35	11
高风险	0.52	17	高风险	0.45	30
极高风险	0.61	16	极高风险	0.55	13

2.冰塞险情分布特征与诊断样本集

根据凌汛冰塞险情聚类与等级划分结果，基于 GIS 平台赋予不同诊断样本对应的冰塞险情等级属性，绘制多组合均匀优化加权求和法和加权 TOPSIS 法冰塞险情分布图，如图4-17 和图4-18 所示。

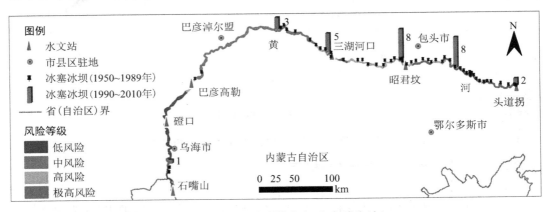

图 4-17　凌汛冰塞险情分布（加权求和法）

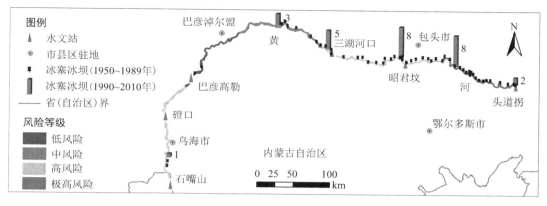

图 4-18　凌汛冰塞险情分布(加权 TOPSIS 法)

由表 4-8、图 4-17 和图 4-18 分析可知,黄河石嘴山至头道拐河段凌汛冰塞险情高风险或极高风险区多分布在三湖河口—头道拐河段,下游河段冰塞险情总体大于上游河段;与加权 TOPSIS 法相比,加权求和法更能反映凌汛冰塞易发险段空间分布的差异性,而加权 TOPSIS 法计算结果显示石嘴山—巴彦高勒河段为高风险区,之后巴彦高勒—头道拐河段由低风险至极高风险均匀过渡,与实际明显不符,可见多组合均匀优化加权求和法更适用于计算小尺度河段的冰塞险情。

经统计,不同方法不同冰塞险情等级对应的样本数量,以及不同河段(石嘴山—巴彦高勒河段、巴彦高勒—三湖河口河段、三湖河口—头道拐河段)历史冰塞冰坝位置、发生次数与冰塞易发风险度的相关关系,如图 4-19 所示。加权求和法高风险以上河段占比为 51%,而加权 TOPSIS 法为 67%,明显偏大,历史冰塞冰坝位置数量以及不同时段冰塞冰坝发生次数均与加权求和法冰塞险情大小呈高度线性相关关系,再次证明加权求和法冰塞险情计算结果的合理性更高,冰塞险情由低风险至极高风险河段占比分别为 19%、30%、26% 和 25%。由此构造了由诊断指标体系标准值及其对应险情等级组成的冰塞险情诊断样本集。

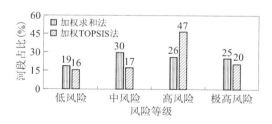
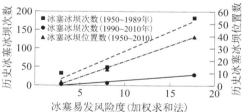

(a)不同冰塞险情等级对应河段占比　　(b)易发风险度与历史冰塞冰坝频次相关关系

图 4-19　不同冰塞险情等级对应河段占比以及易发风险度与历史冰塞冰坝频次相关关系

4.3.3　样本训练与参数设定

根据多组合均匀优化赋权法构造的冰塞险情诊断样本集,采用随机森林、支持向量机等八种监督学习分类算法,基于 python 分别构建对应的冰塞险情诊断模型,随机森林算法中弱学习器最大迭代次数或分类树数目 $n=50$,每个决策树随机选择的诊断指标数量为 4。随机抽取 70% 的样本进行训练,30% 的样本用于模型测试,样本分配如表 4-9 所示。

表 4-9　冰塞险情诊断样本分配

类别	诊断样本编号(自上游至下游为 1~64)
训练样本	1,2,4,5,6,7,8,9,10,12,13,15,17,20,24,25,26,27,29,34,35,36,37,38,39,40,43,45,47,48,50,51,53,54,55,56,57,58,59,60,61,62,63,64
测试样本	3,11,14,16,18,19,21,22,23,28,30,31,32,33,41,42,44,46,49,52

4.4　黄河宁蒙段冰塞险情诊断结果及其分析

4.4.1　冰塞险情诊断结果

利用样本训练后的冰塞险情诊断模型,对测试样本进行冰塞险情等级诊断,不同方法诊断结果如表 4-10 所示,采用精确率 P、召回率 R 和综合指标 F1,评判不同方法的诊断精度,如图 4-20 所示。随机森林 RF 算法的冰塞险情等级诊断精度最高,精确率 P = 97.72%,召回率 R = 95.83%,综合指标 F1 = 96.54%,与 K 最邻近方法分类诊断精度相近,均明显高于其他方法,说明随机森林算法更适用于黄河宁蒙段凌汛冰塞险情诊断,数据挖掘能力更强,与 GIS 结合,能够快速分析冰塞险情的空间分布特征及其变化规律。

表 4-10　不同方法冰塞险情等级分类诊断结果

实际	诊断							
	随机森林(RF)				K 最邻近(KNN)			
	低风险	中风险	高风险	极高风险	低风险	中风险	高风险	极高风险
低风险	2	0	0	0	2	0	0	0
中风险	0	10	1	0	0	11	0	0
高风险	0	0	5	0	0	1	4	0
极高风险	0	0	0	2	0	0	0	2
实际	先验为多项式分布的朴素贝叶斯(MNB)				决策树(DT)			
	低风险	中风险	高风险	极高风险	低风险	中风险	高风险	极高风险
低风险	2	0	0	0	2	0	0	0
中风险	0	11	0	0	1	8	2	0
高风险	0	1	3	1	0	0	5	0
极高风险	0	0	0	2	0	0	0	2

续表 4-10

实际	梯度提升（GB）				支持向量机（SVM）			
	低风险	中风险	高风险	极高风险	低风险	中风险	高风险	极高风险
低风险	2	0	0	0	2	0	0	0
中风险	0	8	3	0	0	11	0	0
高风险	0	0	4	1	0	1	0	4
极高风险	0	0	0	2	0	0	0	2

实际	先验为高斯分布的朴素贝叶斯（GNB）				自适应增强（ADA）			
	低风险	中风险	高风险	极高风险	低风险	中风险	高风险	极高风险
低风险	2	0	0	0	2	0	0	0
中风险	0	11	0	0	11	0	0	0
高风险	0	1	0	4	0	0	5	0
极高风险	0	0	0	2	0	0	2	0

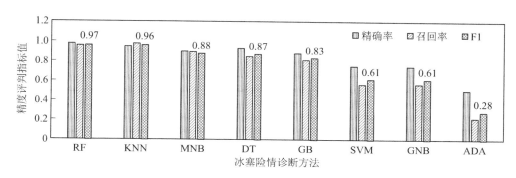

图 4-20　不同方法冰塞险情诊断精度对比

4.4.2　冰塞险情主要驱动因子辨识

根据随机森林算法基尼指数，计算不同诊断指标对冰塞险情的贡献度（见图 4-21），同时考虑模型样本训练产生的误差影响，通过样本集中不同冰塞险情等级对应各诊断指标均值之间的变异系数（见图 4-22），以"诊断指标贡献度与变异系数乘积越大，指标越重要"为原则，结合冰塞灾害的主要成因分析，综合确定冰塞险情诊断指标的重要性排序，如表 4-11 所示。根据指标重要性判断原则，得出诊断指标重要性由大至小排序（前 7）为 C13>C8>C10>C1>C5>C6>C2，考虑河段平均底坡（C10）受泥沙淤积影响（C8）且多年变化较小，而河道弯曲系数（C11）已被论证其与冰塞冰坝具有较好的关联关系，因此从冰塞灾害成因角度分析，前 7 个重要指标中舍掉 C10 而增加 C11 指标，可得冰塞险情的主要驱动因子为：凌汛期平均气温（C1）、累积负气温（C2）、凌峰流量（C5）、槽蓄水增量（C6）、单位河长泥沙淤积量（C8）、河槽弯曲系数（C11）和跨河桥梁工程（C13），与前文得出的冰塞险情影响权重较大的因素相比，两种方法分析的主要因素基本一致，只是个别因素的重要性排序略有差别,考虑主要是由诊断样本矩阵中不同指标标准值的差异性而引起的,同时也验证了冰塞险情主要驱动因子辨识结果的合理性。

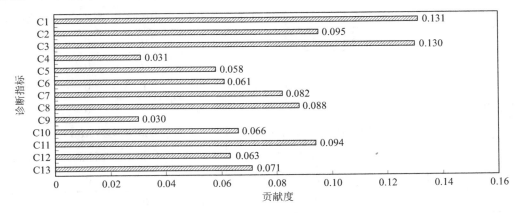

图 4-21　不同诊断指标贡献度统计

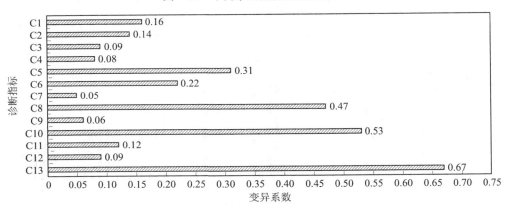

图 4-22　不同诊断指标变异系数统计

表 4-11　不同方法冰塞险情诊断指标的重要性排序

方法类别	目标层	诊断指标重要性或贡献度或变异系数排序	
		单层指标	整体排序
随机森林算法基尼指数	热力环境	C1>C3>C2>C4	C1>C3>C2>C11>C8>C7>C13>C10>C12>C6>C5>C4>C9
	动力因素	C7>C6>C5	
	边界条件	C11>C8>C13>C10>C12>C9	
多组合均匀优化赋权法变异系数	热力环境	C1>C2>C3>C4	C13>C10>C8>C5>C6>C1>C2>C11>C3>C12>C4>C9>C7
	动力因素	C5>C6>C7	
	边界条件	C13>C10>C8>C11>C12>C9	
综合分析	主要驱动因子:C1、C2、C5、C6、C8、C11、C13		

4.4.3　冰塞险情变化趋势分析

4.4.3.1　多因素联合作用下冰塞险情变化趋势

根据上文研究结果,冰塞险情的主要驱动因子包括凌汛期平均气温、累积负气温、槽蓄水增量、凌峰流量、泥沙淤积量、河槽弯曲系数和跨河桥梁工程,涵盖了热力环境、动力因素和边界条件三类要素,从驱动因子变化关联角度分析,1986 年后,黄河宁蒙段呈现累计淤积趋势且跨河桥梁(含浮桥)逐渐增多,在泥沙淤积影响驱动下,河底坡降逐渐减小,凌峰流量与槽蓄水增量总体增大(2014 年后略有减小),增加了凌汛冰塞发生概率;而凌汛期平均气温与累积负气温逐渐升高,河槽弯曲系数与冰盖厚度逐渐减小,利于降低冰塞灾害风险。考虑河道整治工程影响,近年来黄河宁蒙段河槽摆动得到了有效控制,且上下游梯级水库与分凌区联合调度效果比较显著,在人类活动调控减灾为主导的情况下,凌汛冰塞险情将呈现整体减小趋势。但在气候变暖背景下,极端天气频繁发生,突发性冷暖剧变条件下凌汛冰塞险情大幅增加,灾害风险更加严重。因此,多因素联合作用下冰塞险情的主要变化趋势是发生概率有所减小,但灾害风险不断增大,致灾机制更加复杂,突发链发性冰塞易发河段仍集中分布在黄河宁蒙段下游宽浅型弯曲河道。

4.4.3.2　冰塞冰坝历史灾情及其变化趋势

根据黄河内蒙古段历史冰塞冰坝资料统计[197],1951~1986 年,黄河内蒙古段发生冰塞冰坝 255 次,频率为 7.08 次/年,其中造成凌汛灾害 31 次,平均 1.2 年发生一次凌灾;1987~2008 年,发生冰塞冰坝 117 次,频率为 5.32 次/年,其中造成凌汛灾害 31 次,年均凌灾 1.41 次。由此可见,1986 年后黄河内蒙古段凌汛期年均冰塞冰坝次数有所减少,但其造成凌汛灾害的频率却呈整体增大趋势,历史凌汛灾害对居民人口、耕地、房屋等方面的影响与损失亦有所增加,说明凌汛冰塞冰坝现象减少、灾害风险加剧是其主要变化趋势。

4.5　本章小结

本章研究了黄河宁蒙段横断面、纵剖面与平面等不同维度河势分形特征及其与冰塞冰坝的关联性,并基于多组合均匀优化赋权、K-means 聚类与随机森林算法,提出了凌汛冰塞险情诊断方法,将其应用于黄河石嘴山至头道拐河段,构建了冰塞险情诊断模型,研究了冰塞险情的空间分布特征及其主要驱动因子,分析了冰塞险情变化趋势。主要研究内容及结论如下:

(1)揭示了黄河宁蒙段不同维度河势分形特征及其与冰塞冰坝的关联性。结果表明:不同维度河势演变均具有多尺度自相似分形特征,且具有多年记忆周期的长程相关性;冰坝(严重性冰塞)发生频次与河道主槽弯曲分形维数呈正相关指数关系,与河相系数、深泓点高程和河段平均底坡分形维数负相关,与水深—面积分形维数正相关,一定程度反映了河型及河槽稳定性与冰坝灾害的关联关系,说明冰坝灾害更易发生于主槽偏移摆动大、蜿蜒曲折、河湾发育程度高的宽浅型弯曲河道。

(2)提出了基于多组合均匀优化赋权、K-means 聚类与随机森林的冰塞险情诊断方法。结果表明:多组合均匀优化加权求和法冰塞险情计算结果的合理性,明显高于变异系数法、层次分析法、模糊层次分析法和熵权法等方法,并通过与加权 TOPSIS 法对比分析,结合历史冰塞冰坝灾害发生情况,论证了多组合均匀优化加权求和法具有较高的可靠性;随机森林算法的冰塞险情等级诊断精确率 $P=97.72\%$,召回率 $R=95.83\%$,综合指标 $F1=96.54\%$,与 K 最邻近方法分类诊断精度相近,均明显优于支持向量机等其他方法。

(3)建立了黄河石嘴山至头道拐河段冰塞险情诊断模型,研究了冰塞险情的空间分布特征及其主要驱动因子,并分析了冰塞险情的变化趋势。结果表明:通过将石嘴山至头道拐河段划分为 64 个小尺度诊断样本,构建由热力环境、动力因素和边界条件等方面13 个指标组成的冰塞险情诊断指标体系,构造了由诊断指标体系标准值及其对应险情等级组成的诊断样本集,论证了冰塞险情诊断模型具有较高的诊断精度;石嘴山至头道拐河段冰塞险情呈现自上游至下游逐渐增大的空间分布特征,低风险至极高风险河段占比分别为 19%、30%、26% 和 25%,高风险或极高风险区多分布在三湖河口至头道拐河段,下游河段冰塞易发风险度整体高于上游河段;冰塞险情的主要驱动因子包括凌汛期平均气温、累积负气温、槽蓄水增量、凌峰流量、泥沙淤积量、河槽弯曲系数和跨河桥梁工程,多因素联合作用下黄河宁蒙段冰塞险情发生概率有所减小,但灾害风险不断增大,宽浅型弯曲河道突发链发性冰塞险情将更加突出。

第 5 章　凌汛堤防险工段划分与危险性评价研究

　　由于凌汛高水位洪水侵堤时间长以及开河期水位与流速变化梯度大等因素影响,黄河宁蒙段凌汛期经常发生堤防管涌、渗透或滑塌险情,甚至造成重大凌洪漫溃堤灾害,严重威胁两岸人民的生命财产安全,因此开展凌汛堤防险工段划分与危险性评价,对堤防险情早期识别与灾害防御至关重要。目前国内外学者多集中研究伏汛期江河堤防破坏机制及危险性评价方法[154~166],仅有少数学者通过建立凌汛期堤防渗流数值模型[152~153],分析了凌汛洪水作用下堤防渗流路径、渗透坡降及最小安全系数的变化情况,但尚未建立凌汛期堤防分段危险性评价的理论方法。因此,本章考虑凌汛堤防险工段与冰塞险情易发河段的差异性,在第 4 章冰塞险情诊断研究成果的基础上,进一步开展黄河宁蒙段凌汛堤防险工段划分与危险性评价研究。

5.1　堤防分段危险性评价方法及模型

5.1.1　评价方法

　　根据黄河宁蒙段 1950~2018 年不同时段凌汛期水情、凌情、气温、灾情与堤防工程等数据资料,以三盛公水利枢纽以下巴彦高勒—头道拐河段为对象,开展凌汛堤防险工段划分与危险性评价方法及应用研究。首先将研究堤段划分为若干小尺度评价单元,然后应用提出的改进 FAHP-熵权凌汛堤防危险度计算方法,构建巴彦高勒—头道拐河段凌汛堤防分段危险性评价模型,通过与变异系数法、层次分析法、模糊层次分析法(FAHP)和熵权法等方法的计算结果进行对比分析,结合历史凌汛灾害发生情况,验证改进 FAHP-熵权法的可靠性,并采用 K-means 聚类算法划分堤防险工段,在此基础上研究巴彦高勒—头道拐河段凌汛堤防险工段空间分布特征,分析凌汛堤防危险性关键影响因素及其变化趋势。

　　假定 FAHP 法与熵权法计算第 j 项堤防危险性评价指标的综合权重分别为 w_j^3 和 w_j^4,本书通过主客观赋权的乘积归一化思路,耦合改进 FAHP 与熵权法,从而得到改进 FAHP-熵权法的第 j 项评价指标综合权重 w_j,计算公式如下:

$$w_j = \frac{w_j^3 \cdot w_j^4}{\sum_{j=1}^{M} w_j^3 \cdot w_j^4} \tag{5-1}$$

5.1.2　评价堤段划分

　　根据黄河巴彦高勒—头道拐河段现状堤防分布情况与河势走向,按河道中心线基本等距将其平均划分为 50 个小尺度评价堤段,每个堤段的河槽中心线长度为 10~11 km,评价堤段分布,如图 5-1 所示。

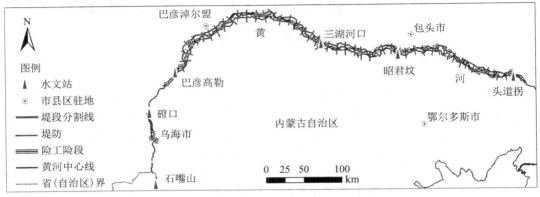

图 5-1 评价堤段分布

5.1.3 评价指标体系构建

根据黄河宁蒙段凌汛期堤防危险性影响因素,构建由目标层、准则层和指标层组成的凌汛堤防危险性评价指标体系,主要包括致灾因子危险性、孕灾环境敏感性和承灾体易损性等 3 个方面的 18 个评价指标,如图 5-2 所示。

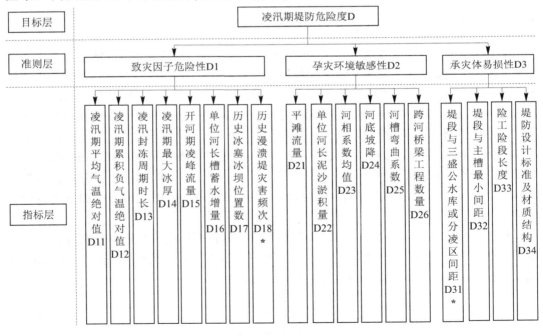

图 5-2 凌汛堤防危险性评价指标体系递阶层次结构
(* 表示该指标将用于模型验证或敏感性分析)

(1)致灾因子危险性指标:主要指凌汛冰塞冰坝壅水导致堤防险情的危险性因素,包括凌汛期平均气温、累积负气温、封冻周期时长(反映堤防偎水时间)、最大冰厚、凌峰流量(凌洪动力条件)、单位河长槽蓄水增量、历史冰塞冰坝、历史漫溃堤灾害(标准化堤防修建后,此指标主要反映凌汛对堤防的危险性)等。

(2)孕灾环境敏感性指标:主要指影响冰塞冰坝以及凌汛堤防险情的河道环境要素,包括平滩流量(反映河槽泄流能力)、泥沙淤积量(河床淤积抬高)、河相系数(宽深比)、河底坡降、河槽弯曲系数、跨河桥梁工程等。

(3)承灾体易损性指标:主要指堤防本身在凌汛过程中容易成灾的影响因素,研究河段堤基多为砂土,上下游堤防材质与结构基本相同,三盛公至头道拐河段左岸堤防设计标准为 50 年一遇,堤防级别为 2 级,右岸除达旗电厂附近堤段以外,其余堤段均为 30 年一遇、3 级堤防,同岸别上下游评价堤段的设计标准差别很小,故可不考虑堤防设计标准及材质结构等指标,其余指标主要包括堤段与三盛公水库或分凌区间距(反映分凌区应急调控影响)、堤段与主槽最小间距、险工险段长度等。

5.1.4　评价指标赋值及其标准化

根据黄河巴彦高勒—头道拐河段凌汛堤防危险性评价指标对应的历史实测数据(1950~2018 年),结合评价指标值上下游空间变化的关联关系,采用历史不同时段实测数据的平均值进行线性内插或均匀分布,赋予不同评价堤段对应的评价指标数值属性,能够合理反映同一指标值上下游不同堤段的空间分布差异性特征,由此构造评价样本矩阵,并对其进行数据标准化处理,如图 5-3 和图 5-4 所示。

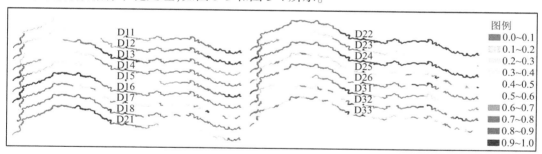

图 5-3　凌汛堤防危险性评价指标数据标准化结果

5.1.5　危险性评价指标赋权

本书在暂不考虑分凌区应急调控影响(D31 指标)条件下,按是否考虑"历史漫溃堤灾害频次"分别构建对应的凌汛堤防危险性评价模型,对比论证不考虑"历史漫溃堤灾害频次"评价模型的可靠性与评价结果的合理性,不同评价模型构建过程与指标赋权结果,如下陈述(以"考虑"历史漫溃堤灾害频次"为例)。

根据凌汛堤防危险性评价指标间的相对重要程度标度原则,构建多指标递阶层次判断矩阵,如图 5-5 所示,利用和积法计算评价指标权重,并对判断矩阵进行一致性检验,CR 均小于 0.1,满足一致性检验要求。

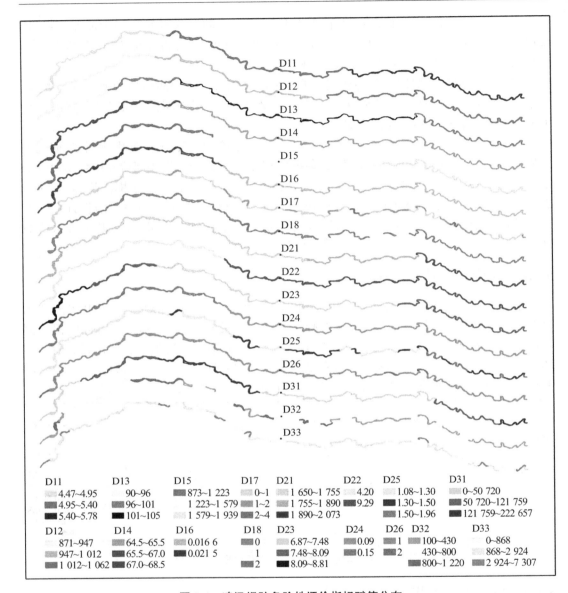

图 5-4　凌汛堤防危险性评价指标赋值分布

图 5-5　凌汛堤防危险性评价递阶层次判断矩阵

采用变异系数法、层次分析法、模糊层次分析法、熵权法、改进 FAHP-熵权法,分别计算考虑"历史漫溃堤灾害频次"与不考虑"历史漫溃堤灾害频次"两种工况下凌汛堤防危险性评价指标的综合权重,如图 5-6 所示。不考虑"历史漫溃堤灾害频次"时,对堤防险情影响权重较大的评价指标(前 5)主要包括险工险段长度(D33)、跨河桥梁工程(D26)、历史冰塞冰坝(D17)、堤段与主槽最小间距(D32)和泥沙淤积量(D22)。

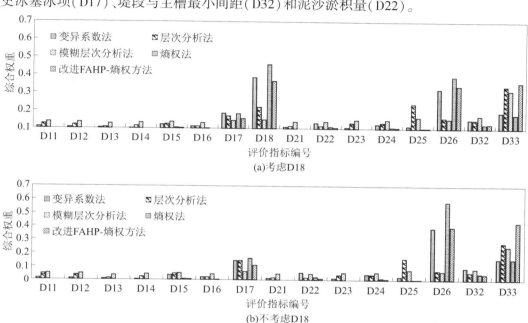

图 5-6　不同方法凌汛堤防危险性评价指标综合权重计算结果

5.2　黄河宁蒙段凌汛堤防危险度计算及险工段划分

5.2.1　堤防危险度计算

根据是否考虑"历史漫溃堤灾害频次"工况下,不同主客观评价方法计算的凌汛堤防危险性评价指标综合权重,以及评价样本矩阵数据标准化结果,通过加权求和计算不同评价堤段的综合危险度,如图 5-7 所示。

由图 5-7 分析可知:

(1)与考虑"历史漫溃堤灾害频次"并对其赋予较高权重相比,在凌汛期堤防险情影响因素复杂变化情况下,不考虑"历史漫溃堤灾害频次"的凌汛堤防危险度计算结果,依然能够较好地反映历史漫溃堤险工段,充分表明构建的凌汛堤防危险性评价指标体系及其递阶层次判断矩阵具有较高的可靠性与合理性。

(2)客观赋权方面,变异系数法与熵权法计算结果均基本体现了上下游凌汛堤防危险性的相对严重程度,两种方法危险度变幅区间分别为(0.1,0.8)和(0.0,0.9),考虑主客观组合赋权的合理均匀化,客观赋权选择离散性较高的熵权法。

·94·

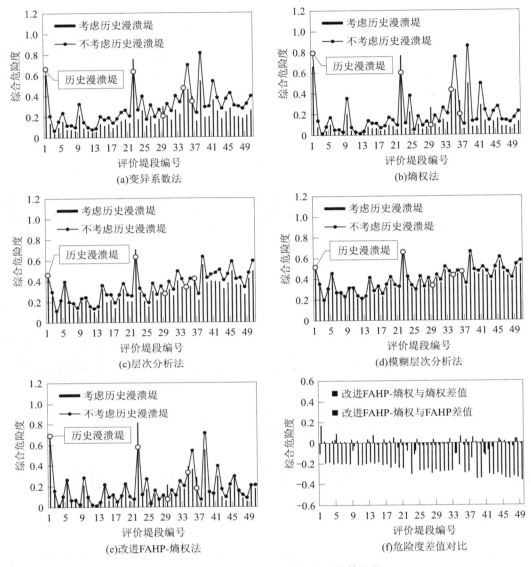

图 5-7　不同方法凌汛堤防危险度计算结果

（3）主观赋权方面,层次分析法与模糊层次分析法均能较好反映上游至下游凌汛堤防危险性的递增变化趋势,两种方法危险度变幅区间分别为(0.1,0.7)和(0.2,0.7),模糊层次分析法计算得到的堤防危险度集中程度更高,更能体现堤防危险性空间分布的主观模糊一致性,与客观熵权法较大的离散性相比,主观赋权选择与熵权法互补的模糊层次分析法。

（4）改进 FAHP-熵权法充分体现了模糊层次分析法与熵权法的优越性,对应的凌汛堤防危险度变幅区间为(0.00,0.75),改进组合赋权方法与单一方法的堤防危险度差值分布,如图 5-7(f)所示,可见改进 FAHP-熵权法的堤防危险度计算结果更加均匀化,而且危险度较大的堤段与历史漫溃堤位置以及现状险工段的分布情况基本一致,计算结果体现了凌汛堤防危险度空间分布的差异性以及危险堤段分布的集中程度。

5.2.2 堤防险工段划分

5.2.2.1 凌汛堤防危险度分级聚类

根据不考虑"历史漫溃堤灾害频次"工况下改进 FAHP-熵权法的凌汛堤防危险度计算结果,采用 K-means 聚类算法对堤防危险度进行等级划分,通过计算不同聚类中心数目 $k(k=2,3,\cdots,8)$ 对应的样本与簇聚类中心距离误差平方和 SSE,绘制 $SSE-k$ 关系曲线,如图 5-8(a)所示。根据 $SSE-k$ 关系曲线的斜率变化情况和手肘法判断原则,确定最佳聚类数目为 4,即凌汛堤防危险性划分为四个等级:低危险、中危险、高危险和极高危险。不同评价堤段危险度及其危险等级分布,如图 5-8(b)所示,因为相同评价堤段左岸防洪标准高于右岸,所以以同一堤段右岸危险性整体高于左岸,K-means 聚类结果反映了同岸别上下游堤段危险度空间分布的差异特征,不同危险等级对应聚类中心及分类区间阈值如表 5-1 所示。

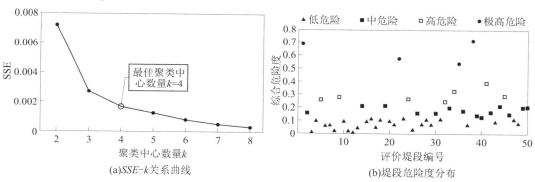

(a)$SSE-k$关系曲线　　　　　(b)堤段危险度分布

图 5-8　凌汛堤防危险度 K-means 聚类 SSE-k 关系曲线与评价堤段危险度分布

表 5-1　凌汛堤防危险等级聚类中心及分类区间阈值统计

聚类中心		危险等级	区间阈值	堤段数量	组内平方和	平均距离	最大距离
序号	堤防危险度						
1	0.076 4	低风险	(0.00,0.12]	25	0.028 7	0.028 3	0.064 1
2	0.178 6	中风险	(0.12,0.24]	14	0.011 4	0.026 1	0.049 4
3	0.295 1	高风险	(0.24,0.45]	7	0.015 4	0.037 4	0.097 9
4	0.630 1	极高风险	(0.45,0.75]	4	0.020 8	0.070 4	0.087 6

5.2.2.2 凌汛堤防险工段划分结果

根据黄河巴彦高勒—头道拐河段凌汛堤防危险等级划分结果,基于 GIS 平台赋予不同评价堤段对应的危险等级属性,划分堤防险工段,并进行色彩分级,绘制不同危险等级凌汛堤防险工段分布图,如图 5-9 所示。

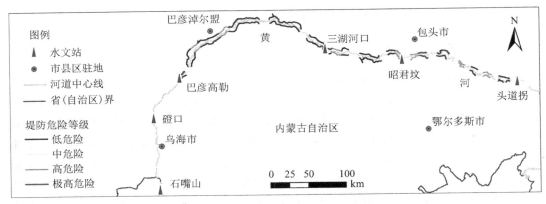

图 5-9　黄河宁蒙段(巴彦高勒—头道拐河段)凌汛堤防险工段分布

　　根据黄河巴彦高勒—头道拐河段凌汛堤防危险度计算结果,对比历史是否溃堤(1990~2010 年)、是否发生冰塞冰坝、是否属于防凌防汛险工段等不同条件下的堤防危险度大小,如表 5-2 和图 5-10 所示。凌汛堤防分段危险度均值大小排序为历史溃堤段>未溃堤段、历史冰塞冰坝段>无冰塞冰坝段、险工段>非险工段,而且自上游至下游堤防危险度整体缓慢递增,说明凌汛堤防危险度计算结果较好地反映了历史凌汛灾害发生位置及堤防险工段实际分布情况,且与凌情、凌汛洪水风险的空间分布特征基本一致,可见凌汛堤防险工段区划结果具有较高的合理性。

表 5-2　不同条件下凌汛堤防危险度均值统计

统计类别	历史溃堤	历史未溃堤	有冰塞冰坝	无冰塞冰坝	险工段	非险工段
堤防危险度均值	0.368 6	0.159 0	0.219 6	0.109 5	0.183 1	0.178 9

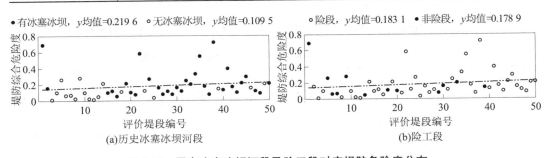

图 5-10　历史冰塞冰坝河段及险工段对应堤防危险度分布

5.3　黄河宁蒙段堤防危险性评价结果及其分析

5.3.1　凌汛堤防险工段空间分布特征

　　根据黄河巴彦高勒—头道拐河段凌汛堤防危险度聚类及等级划分结果,研究河段低危险至极高危险四个等级的堤段占比分别为 50%、28%、14% 和 8%,而第 4 章研究结果显示石嘴山—头道拐河段冰塞险情由低风险至极高风险的河段占比分别为 19%、30%、26%

和25%,且石嘴山—巴彦高勒河段多属于冰塞易发低风险区域,可见凌汛堤防险工段与冰塞险情易发河段的差异性比较明显,前者高危险以上堤段占比远低于后者高风险以上河段占比,说明冰塞险情是堤防出险的必要条件而非充分条件,同时进一步说明凌汛堤防险工段划分与危险性评价的重要性。不同危险等级凌汛堤防险工段离散分布于黄河巴彦高勒—头道拐河段,自上游至下游编号为1~50,则高危堤段对应编号为24、32、34、41和45等,极高危堤段编号为1、22、35和38,为了进一步研究上下游堤防危险度空间分布的关联特性,采用高/低聚类与空间自相关分析方法,计算不同显著性水平对应的临界区间和 Z 得分,如图5-11所示。高/低聚类与空间自相关分析法的 Z 得分分别为−0.512 6和0.059 3,−1.65<Z<1.65,说明堤防危险度空间分布与随机分布模式之间的差异并不显著,即凌汛堤防危险度呈现空间随机分布特征,受邻域堤段影响较小,具有空间异质性特点。

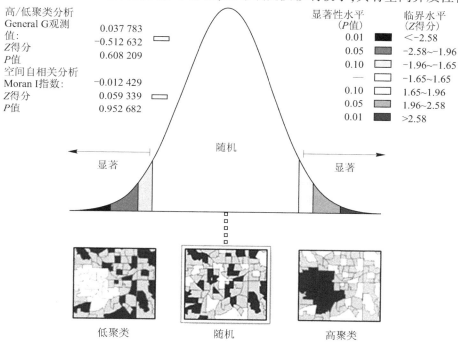

图 5-11　凌汛堤防危险度空间分布关联分析

5.3.2　分凌区应急调控的敏感性分析

本书第3章分析了黄河宁蒙段分凌区应急调控对凌汛灾害削减与凌灾险段分布的驱动机制,本节将定量研究凌汛堤防危险性对分凌区应急调控的敏感性,即在已建凌汛堤防危险性评价模型基础上,增加考虑分凌区应急调控指标 D31,即堤段与三盛公水库(反映河套灌区及乌梁素海分凌区、乌兰布和分凌区的调控影响)或分凌区的间距,重新构建递阶层次判断矩阵,设定 D31 相对于 D32 和 D33 的重要性标度分别为3和1/3,在满足一致性检验条件下,计算不同堤段危险度,并划分堤防险工段,如图5-12~图5-14所示。考虑分凌区应急调控指标后,承灾体易损性指标权重重新分配,由于评价指标标准化数值影响,加权求和后部分堤段危险度略有增加,但堤防危险等级总体呈降低趋势。因为三湖河

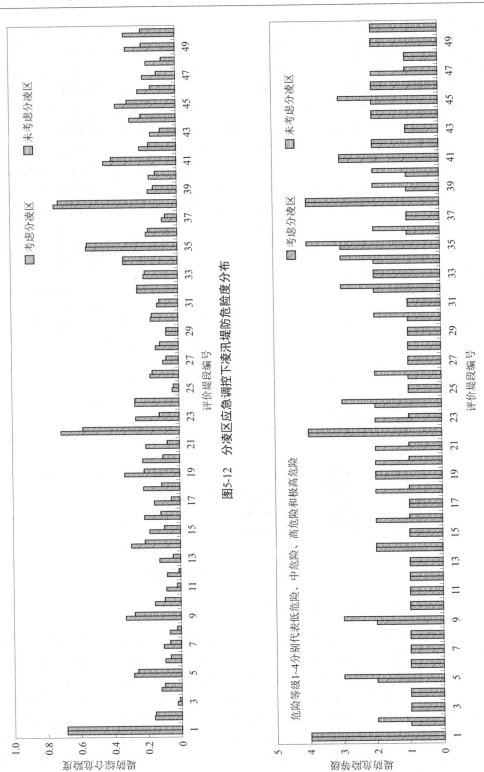

图5-12 分凌区应急调控下凌汛堤防危险度分布

图5-13 分凌区应急调控下凌汛堤防危险等级分布

口站上游堤段距离三盛公水库较远,上游分凌区应急调控对该河段的防凌减灾效果相对较小,所以凌汛堤防危险等级相对增大。研究河段低危险至极高危险四个等级堤段占比分别由不考虑分凌区影响的50%、28%、14%和8%变为该工况下的50%、40%、4%和6%,高危险和极高危险堤段占比明显降低,可见分凌区应急调控减灾效果整体较为显著,凌汛堤防危险性对分凌区应急调控指标具有一定的敏感性。

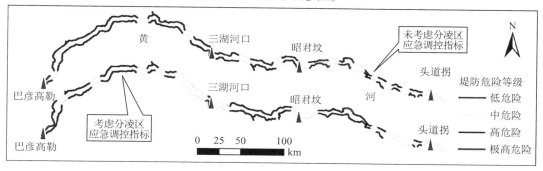

图5-14　分凌区应急调控下凌汛堤防险工段区划

5.3.3　堤防危险性关键影响因素与变化趋势分析

5.3.3.1　关键影响因素

以"极高或高危险堤段对应的指标标准化均值越高且不同等级指标取值(标准化前)的差异性越大,则指标越重要"作为凌汛堤防险情关键影响因素的判别标准,计算不同危险等级下评价堤段各指标均值及其变异系数,如表5-3所示。不同危险等级对应评价指标的标准化均值,以及高危险与极高危险堤段评价指标的聚集分布情况,如图5-15所示。根据以上判别标准,确定不同危险等级对应评价指标值的变异系数大小顺序,以及高危险和极高危险堤段标准化均值较高的评价指标,如表5-4所示。通过分析评价指标赋值的差异性和指标标准化均值分布情况,得出凌汛堤防危险性关键影响因素(前8),包括致灾因子危险性指标3项(D11、D15和D17)、孕灾环境敏感性指标3项(D22、D24和D26)、承灾体易损性指标2项(D32和D33),多因素联合作用下凌汛堤防危险性呈现上下游空间异质、自上游至下游整体递增的分布特征。

表5-3　不同危险等级对应评价指标均值及其变异系数

评价指标	堤防危险等级				变异系数
	低危险	中危险	高危险	极高危险	
D11	5.105 5	5.416 2	5.253 3	5.172 2	0.025 6
D12	974.314 0	1 016.304 9	993.587 8	982.114 0	0.018 4
D13	100.098 5	100.518 8	99.896 2	99.500 0	0.004 2
D14	65.751 3	65.245 4	65.588 0	65.775 2	0.003 7
D15	1 290.460 0	1 572.839 3	1 431.957 1	1 363.262 5	0.085 0
D16	0.019 1	0.017 7	0.018 0	0.017 8	0.035 6

续表 5-3

评价指标	堤防危险等级				变异系数
	低危险	中危险	高危险	极高危险	
D17	0.640 0	1.357 1	1.285 7	1.750 0	0.365 5
D21	1 764.396 0	1 879.928 6	1 830.942 9	1 809.000 0	0.026 4
D22	6.643 2	8.199 3	7.835 7	8.017 5	0.091 6
D23	7.580 1	7.661 3	7.679 5	7.701 6	0.006 9
D24	0.121 2	0.102 9	0.107 1	0.105 0	0.075 9
D25	1.296 8	1.469 2	1.286 2	1.303 3	0.065 1
D26	0	0	0.571 4	1.750 0	1.421 5
D32	677.400 0	379.285 7	454.428 6	258.750 0	0.398 1
D33	747.129 8	2 538.119 4	2 678.381 4	4 624.852 8	0.598 7

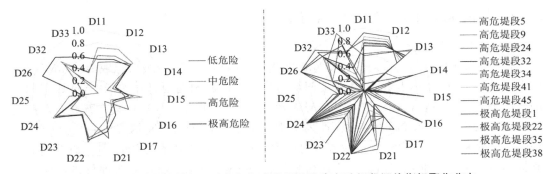

图 5-15　不同危险等级评价指标标准化均值及高危险堤段评价指标聚集分布

表 5-4　凌汛堤防危险性关键影响因素对比分析

比较类别	主要评价指标
不同危险等级对应评价指标均值变异系数	由大到小排序:D26、D33、D32、D17、D22、D15、D24、D25、D16、D21、D11、D12、D23、D13、D14
高危或极高危堤段评价指标的标准化均值	致灾因子:D11、D12、D13、D15、D16、D17 孕灾环境:D21、D22、D24、D26 孕灾体:D32、D33
关键影响因素	D11、D15、D17、D22、D24、D26、D32、D33

　　为了进一步验证凌汛堤防危险性关键影响因素选取的合理性,除"历史冰塞冰坝"与"险工险段"两项指标外,建立其他指标不同分级均值与堤防危险度的相关关系,如图 5-16 所示。筛选指标均与凌汛堤防危险度紧密关联,具有正相关或负相关驱动影响,一定程度验证了关键影响因素选取的合理性。但由于凌汛堤防危险性的影响因素较多,而且个别

因素(尤其气温与凌峰流量)变化存在一定的突发性和随机性,从而导致凌汛期堤防险情发生位置及概率具有不确定性,突发链发性特点比较突出。

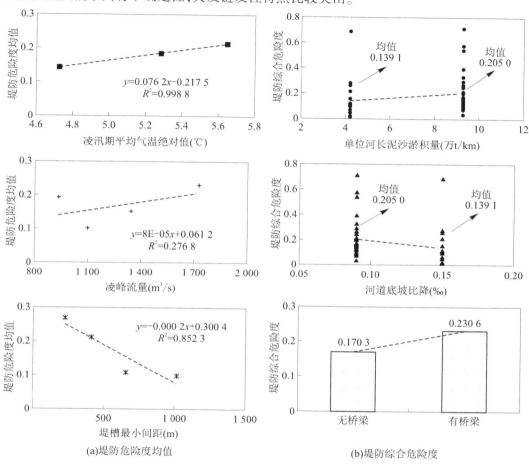

(a)堤防危险度均值　　　　　　　　　(b)堤防综合危险度

图 5-16　不同评价指标分级均值与凌汛堤防危险度相关关系

5.3.3.2　堤防危险性变化趋势

根据上文研究结果,凌汛堤防危险性关键影响因素为凌汛期平均气温、开河期凌峰流量、历史冰塞冰坝位置、单位河长泥沙淤积量、河道底坡比降、跨河桥梁工程数量、堤段与主槽最小间距、险工险段长度。气候变暖影响下凌汛期平均气温不断升高,河道整治工程逐渐有效控制河势、理顺流路、增大堤防与主槽间距,水库与分凌区联合防凌调度能够一定程度降低凌汛堤防危险性,同时堤防修建降低了凌汛险工段易损性,以上多因素对凌汛堤防险情减轻具有积极驱动作用。然而,自 1986 年至 2014 年,黄河宁蒙段凌峰流量、槽蓄水增量与凌汛最高水位均呈整体增大趋势,之后随着海勃湾水库投运而有所降低,但河道泥沙淤积趋势仍未得到明显改善,河床逐年抬高,河道坡降变缓,且沿黄经济发展带动跨河桥梁工程数量不断增多,气候变化下凌汛期冷暖剧变天气的发生概率逐渐增大,导致封开河更多呈现时封时开和空间间断性分布特点,此类因素变化又将进一步加剧凌汛堤防危险性。

综上分析,不同因素对凌汛堤防危险性的影响程度各不相同,随着人类活动主动干预能力的增强,凌汛堤防危险性将整体减轻,但由于部分影响指标突发易变性较大,变化环境多因素耦合驱动下凌汛堤防危险性具有时空演变特征,堤防险生致灾机制更加复杂,突发链发性堤防险情更加突出,从而导致凌汛堤防危险性预测与评估更加困难,而本章提出的凌汛堤防险工段划分与危险性评价方法,可为复杂条件下凌汛堤防险工段的早期识别与险情评估提供重要支持。

5.4 本章小结

本章考虑凌汛堤防险工段与冰塞险情易发河段的差异性,提出了基于改进 FAHP-熵权聚类算法的凌汛堤防分段危险性评价方法,并以黄河巴彦高勒—头道拐河段为研究对象,构建了凌汛堤防危险性评价模型,划分了凌汛堤防险工段,研究了巴彦高勒—头道拐河段凌汛堤防危险性空间分布特征及其关键影响因素,分析了凌汛堤防危险性变化趋势。主要研究内容及结论如下:

(1)提出了基于改进 FAHP-熵权聚类算法的凌汛堤防危险性评价方法,并通过多种方法计算结果以及历史漫溃堤灾害情况的对比分析,验证了改进方法具有较高的可靠性,适用于复杂条件下凌汛堤防险工段划分与危险性评价。

(2)建立了黄河巴彦高勒—头道拐河段凌汛堤防危险性评价模型,并进行堤防危险度计算及其合理性检验。结果表明:通过划分 50 个小尺度评价堤段,构建涵盖 18 个底层评价指标的凌汛堤防危险性评价指标体系,建立评价样本矩阵,并利用层次分析法、模糊层次分析法、变异系数法、熵权法及改进 FAHP-熵权法分别计算不同评价指标权重,多方法对比验证了凌汛堤防危险性评价指标体系及其递阶层次判断矩阵具有较高的可靠性;凌汛堤防危险度均值大小为历史溃堤段>未溃堤段、历史冰塞冰坝段>无冰塞冰坝段、险工段>非险工段,说明堤防危险度计算结果能够较好地反映历史凌汛灾害发生位置及堤防险段的实际分布情况,且与凌情、凌汛洪水风险的空间分布特征基本一致,合理性较高。

(3)开展了巴彦高勒—头道拐河段凌汛堤防险工段划分,分析了凌汛堤防危险性空间分布特征。结果表明,凌汛堤防危险性划分为四个等级:低危险、中危险、高危险和极高危险,自上游至下游危险等级整体缓慢递增,堤防险工段划分结果反映了凌汛堤防危险性的实际分布情况;黄河巴彦高勒—头道拐河段低危险至极高危险四个等级堤段占比分别为 50%、28%、14%和 8%,堤防危险度呈现空间随机分布特征,具有空间异质性;考虑分凌区应急调控指标之后,凌汛堤防危险等级总体降低,低危险至极高危险四个等级堤段占比分别调整为 50%、40%、4%和 6%,高危险堤段比例明显下降,分凌区应急调控效果较为显著,凌汛堤防危险性对分凌区应急调控指标具有较高的敏感性。

(4)研究了凌汛堤防危险性关键影响因素,分析了堤防危险性变化趋势。结果表明,凌汛堤防危险性关键影响因素(前8)包括凌汛期平均气温、开河期凌峰流量、历史冰塞冰坝位置、单位河长泥沙淤积量、河道底坡比降、跨河桥梁工程数量、堤段与主槽最小间距、险工险段长度,随着人类活动主动干预能力的增强,凌汛堤防危险性将整体降低,但变化环境下凌汛堤防危险性具有时空演变特征,突发链发性堤防险情更加突出,凌汛堤防危险性预测与评估更加困难,本书提出的凌汛堤防险工段划分与危险性评价方法,可为复杂条件下凌汛堤防险工段的早期识别与险情评估提供重要支持。

第 6 章　凌汛溃堤洪水耦合计算模型
与风险动态评估研究

　　极端天气条件下突发链发性凌汛溃堤灾害是黄河宁蒙段冬春季节最突出的重大自然灾害之一,具有险点多、险段长、影响范围广等特点[16,17,167,169]。据记载,1951 年黄河内蒙古河套堤段凌汛漫溢决口 60 余处[16],2008 年三湖河口堤段决口 2 处[169],可见开展黄河宁蒙段多个溃口凌洪淹没联合风险评估,具有重要意义。目前,已有学者开展了伏汛期堤防失事破坏概率或风险评价[158-163]、单一溃口凌洪淹没风险分析[2,186]、河道冰塞壅水淹没风险评估[180]、河冰生消演变数值模拟[53-55,61-65,70-72,82-88]等研究,但鲜有报道考虑堤防危险性或失事概率的凌洪溃堤淹没风险评估成果,且少有学者研究泛区或河道–泛区凌洪耦合演进模拟模型。因此,本章研究黄河宁蒙段河道–泛区凌汛溃堤洪水耦合计算模型,模拟不同情景方案凌汛壅水–溃堤–淹没动态演进过程,并通过考虑凌汛堤防险工段及其危险性空间分布的异质性,耦合凌汛堤防危险度与溃堤淹没易损度,开展多溃口凌洪淹没联合风险聚类评估,可为复杂环境黄河宁蒙段突发链发性凌汛溃堤灾害风险防控提供支持。

6.1　凌汛溃堤洪水耦合计算模型

　　前序章节研究结果表明,在气候变暖与人类活动影响下,凌汛冰塞冰坝及漫溃堤灾害具有致灾机制复杂、突发链发性强、防控难度大等特点。因此,本章基于凌汛风险分析方案库、凌洪实时计算与风险动态分析、凌洪淹没风险多维遥测解译、多属性综合评价等理论方法,提出了凌洪淹没风险快速分析预测、凌灾影响损失实时动态评估和凌灾风险动态展示的关键技术路线,建立了凌洪溃堤淹没风险实时动态评估方法及思路,如图 6-1 所示。

　　本章主要针对极端条件下黄河宁蒙段凌汛突发链发多处堤防溃决的淹没风险评估难题,以情景方案模拟分析为主,开展凌汛溃堤洪水耦合计算模型与风险动态评估方法及其应用研究。其中,凌汛溃堤洪水耦合计算模型研究路线,如图 6-2 所示。基于黄河宁蒙段基础地理数据(行政区划、居民地、河流水系、道路、堤防等)、历史凌汛洪水过程及灾害资料、DEM、遥感影像等,根据复杂环境黄河凌汛洪水演进规律及灾害风险特征,研究提出河道–泛区凌汛溃堤洪水演进耦合模拟方法,并以黄河巴彦高勒—头道拐河段为研究对象,构建河道与泛区凌汛壅水–溃堤–淹没耦合仿真模型,利用历史凌汛洪水验证模型计算精度,在此基础上模拟不同情景方案的河道–泛区凌汛溃堤洪水耦合动态演进过程,为多个溃口凌洪淹没风险评估提供数据支撑。

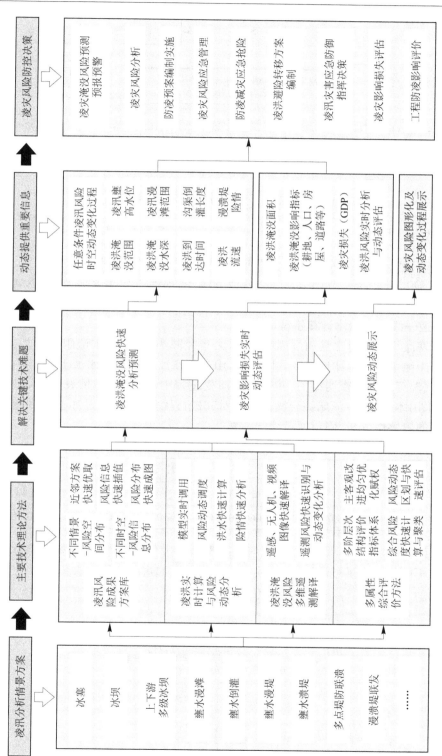

图6-1　凌洪溃堤淹没风险实时动态评估方法及思路

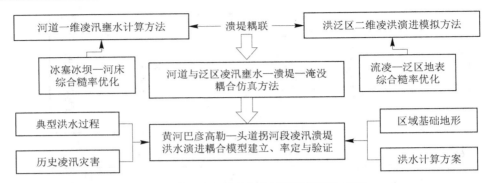

图 6-2　凌汛溃堤洪水耦合计算模型研究路线

6.1.1　模型原理

根据河道-泛区一二维水动力耦合模型原理[183-185],考虑冰塞冰坝壅水特性及凌汛洪水演进特征,研究提出凌汛溃堤洪水耦合模拟方法,实现河道冰塞冰坝壅水、凌洪溃堤分流、泛区凌洪淹没的动态耦合数值仿真,基本原理如下。

6.1.1.1　河道一维凌汛壅水计算模型

河道冰塞冰坝造成过水断面湿周增大、水力半径减小、糙率与水流阻力增加,河道综合糙率由河床糙率与冰塞冰坝糙率共同决定,由于冰塞冰坝糙率与冰塞冰坝体特征、凌汛洪水条件、气温等多因素密切相关,并于生消演变过程中动态变化(见表 6-1),量测难度大,故本书采用冰塞冰坝-河床综合糙率系数对其进行优化处理,通过冰塞冰坝壅水高度对综合糙率的敏感性分析,确定河道综合糙率。

表 6-1　冰花堆积下冰盖糙率经验取值[89]

时段	封冻后天数(d)			
	1~10	11~30	31~50	51 以后
糙率	0.100~0.050	0.060~0.030	0.040~0.025	0.030~0.020

采用一维非恒定流水动力模型模拟河道凌汛壅水过程,计算不同时刻冰塞冰坝壅水水面线以及不同位置凌洪过流能力,描述河道一维凌洪演进的圣维南方程组如下[67,89]:

$$\frac{\partial Q}{\partial x} + \frac{\partial A}{\partial t} = q \tag{6-1}$$

$$\frac{\partial Q}{\partial t} + \frac{\partial \left(\alpha \dfrac{Q^2}{A}\right)}{\partial x} + gA\frac{\partial Z}{\partial x} + \frac{gQ|Q|}{C^2 AR} = 0 \tag{6-2}$$

$$v = \frac{1}{n}R^{2/3}J^{1/2} \tag{6-3}$$

$$n = \left(\frac{\chi_b n_b^{3/2} + \chi_i n_i^{3/2}}{\chi_b + \chi_i}\right)^{2/3} \tag{6-4}$$

对于天然河道,一般 $\chi_b \approx \chi_i$,则:

$$n = \left(\frac{n_b^{3/2} + n_i^{3/2}}{2} \right)^{2/3} \tag{6-5}$$

式中：Q 为河道流量，$\mathrm{m^3/s}$；A 为过水面积，$\mathrm{m^2}$；x 为沿程距离，m；t 为时间，s；q 为区间源汇项单宽流量，$\mathrm{m^2/s}$；R 为水力半径，m；C 为谢才系数，$\mathrm{s/m^{1/3}}$；Z 为凌洪水位，m；n 为综合糙率；n_b 为河床糙率；n_i 为冰塞冰坝糙率；χ_b 为河床湿周，m；χ_i 为冰塞冰坝湿周，m；α 为动量修正系数。

6.1.1.2　洪泛区二维凌洪演进数值模型

凌洪溃堤水流湍急，基本不涉及冰盖下水流运动，而且黄河宁蒙段南岸泛区具有范围广、地形平坦等特点，因此根据宽浅区域水流挟冰运动特性，利用流凌与地表糙率分别计算冰水交界面水流拖曳力与地表摩阻力，数值模拟时采用流凌－地表综合糙率进行优化处理，凌汛溃堤洪水运动方程如下[89]：

$$\frac{\partial h}{\partial t} + \frac{\partial (hu)}{\partial x} + \frac{\partial (hv)}{\partial y} = q_L \tag{6-6}$$

$$\frac{\partial u}{\partial t} + u \frac{\partial (u)}{\partial x} + v \frac{\partial (u)}{\partial y} + g \frac{\partial h}{\partial x} + g \frac{\partial z_b}{\partial x} + \frac{\tau_{ix} + \tau_{bx}}{\rho h} = 0 \tag{6-7}$$

$$\frac{\partial v}{\partial t} + u \frac{\partial (v)}{\partial x} + v \frac{\partial (v)}{\partial y} + g \frac{\partial h}{\partial y} + g \frac{\partial z_b}{\partial y} + \frac{\tau_{iy} + \tau_{by}}{\rho h} = 0 \tag{6-8}$$

$$\tau_{ix} + \tau_{bx} = \frac{\rho g (n_I^2 + n_B^2) \sqrt{u^2 + v^2}}{h^{1/3}} u \tag{6-9}$$

$$\tau_{iy} + \tau_{by} = \frac{\rho g (n_I^2 + n_B^2) \sqrt{u^2 + v^2}}{h^{1/3}} v \tag{6-10}$$

式中：h 为水深值，m；z_b 为地面高程，m；u 和 v 分别为 x、y 方向上的流速分量，$\mathrm{m/s}$；τ_{ix} 和 τ_{iy} 分别为冰水交界面水流拖曳力在 x、y 方向的分量；τ_{bx} 和 τ_{by} 分别为洪泛区地表摩阻力在 x、y 方向的分量；n_B 为洪泛区地表糙率；n_I 为冰水交界面糙率；ρ 为水密度，$\mathrm{kg/m^3}$；g 为重力加速度，$\mathrm{m/s^2}$；q_L 为源汇项。

根据复杂地形地貌条件下凌汛溃堤洪水演进特征和建筑物受灾特点，采用加大糙率法概化房屋建筑物，将阻水效果明显的线状地物作为模型内边界，并对洪泛区其他土地利用类型进行糙率分区处理，以模拟不同地物与凌汛洪水演进的相互影响。根据干水深（h_{dry}）和湿水深（h_{wet}）理论[187]，利用淹没水深（h）大小优化网格计算属性，从而提高模型计算效率与稳定性，判断准则为：当 $h<h_{dry}$ 时，网格不参与计算，质量通量与动量通量均为 0；当 $h_{dry}<h<h_{wet}$ 时，只计算网格质量通量；当 $h>h_{wet}$ 时，同时计算质量通量与动量通量。

6.1.1.3　河道－泛区凌汛溃堤分流流量计算方法

凌汛壅水－溃堤－淹没是河道、堤防与泛区三者之间的凌洪时空动态耦合演进过程，本书通过溃堤侧向建筑物链接方式实现河道一维凌汛壅水计算模型和洪泛区二维凌洪演进数值模型的实时动态耦合，采用 NWS DAMBRK 方法计算不同时刻凌汛溃堤分流流量，公式如下[217]：

$$Q_1 = c_v k_s \left[c_w b \sqrt{g(h_1 - h_b)}(h_1 - h_b) + c_s S \sqrt{g(h_1 - h_b)}(h_1 - h_b)^2 \right] \tag{6-11}$$

$$c_v = 1 + \frac{c_B Q_p^2}{g W_R^2 (h_1 - h_d)^2 (h_1 - h_b)} \tag{6-12}$$

$$k_s = \max\left[1 - 27.8\left(\frac{(h_{ds} - h_b)}{(h_1 - h_b)} - 0.67\right)^3, 0\right] \tag{6-13}$$

式中：Q_1 为溃口分流流量，m^3/s；b 为溃口底宽，m；h_1 为溃口内侧河道水位，m；h_b 为溃口底高程，m；S 为溃口边坡比；c_w 为溃口水平部分堰系数；c_s 为溃口边坡部分堰系数；c_v 为入流收缩损失修正系数；k_s 为淹没修正系数；c_B 为无量纲系数；W_R 为溃口处河道宽度，m；h_d 为溃口最终底高程，m；Q_p 为上一迭代溃口流量，m^3/s；h_{ds} 为溃口外侧洪泛区水位，m。一般 c_w 取 0.546 4，c_s 取 0.431 9，c_B 取 0.740 3。

6.1.2　模型建立

6.1.2.1　计算方案拟订

本书以黄河宁蒙段凌汛灾害发生最为频繁、影响损失最为严重的巴彦高勒—头道拐河段为研究对象，该河段北岸堤防防洪标准为 50 年一遇，而南岸堤防防洪标准多为 30 年一遇，考虑最不利情况，确定以南岸堤防及泛区作为具体研究区域，拟定凌汛洪水风险分析方案，构建河道与南岸泛区凌汛壅水-溃堤-淹没耦合模拟模型，并根据历史典型洪水过程验证模型精度，然后利用已验证模型模拟不同方案河道-泛区凌汛溃堤洪水动态演进过程。

1.模型率定与验证方案

根据黄河巴彦高勒—头道拐河段 2012 年 10~11 月实测断面资料及同期洪水过程，率定河床综合糙率，并探讨冰塞冰坝壅水高度与河床糙率的关联关系，同时选取 2008 年典型凌汛溃堤洪水过程，率定泛区流凌-地表综合糙率，并验证凌洪淹没风险的模拟精度。据相关资料记载[186]，2008 年开河期，由于槽蓄水增量集中释放，黄河内蒙古独贵塔拉奎素段右岸大堤先后于 2008 年 3 月 20 日 1:50 和 3:45 发生溃决（见图 6-3），上下游溃口相距约 2 km，溃口最大宽度分别为 100 m 和 60 m，凌汛洪水于 3 月 23 日中午由隆茂营村退入黄河。此次凌洪溃堤淹没面积约 106 km^2，涉及 2 个乡镇 51 个村社，受灾人口约 1.02 万人，影响范围广，灾害损失严重。

堤防溃口　　　溃口合龙

图 6-3　2008 年凌汛期黄河内蒙古奎素段堤防溃口及封堵合龙示意图

2.凌汛溃堤洪水分析方案

根据第4章冰塞险情诊断与第5章凌汛堤防险工段划分及危险性评价结果,筛选极高或高危险堤段河流弯道,且综合考虑历史溃堤险段、凌汛壅水水位超过防凌保证水位、堤外居民或经济集中等因素,确定堤防溃口位置,如图6-4所示。据不完全统计,1951年以来历史冰坝历时—长度—宽度、冰坝高度及壅水高度,如图6-5和图6-6所示。历史冰坝历时0~100 h、平均历时26 h,最大冰坝长度10 km,河宽全封概率大;最大冰坝高度4 m,壅水最高7 m,多位于0~3 m,壅水高度与冰坝高度呈现一定的正相关指数型关系。

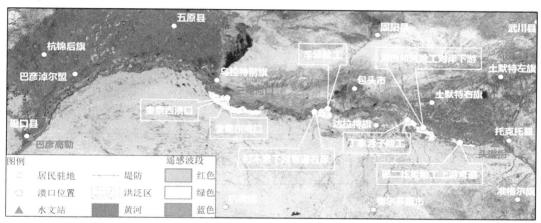

图6-4　凌汛洪水风险分析堤防溃口分布

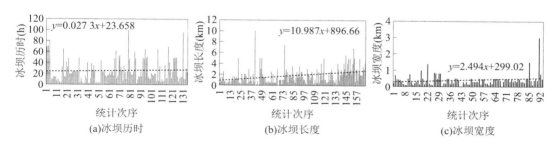

(a)冰坝历时　　　　　(b)冰坝长度　　　　　(c)冰坝宽度

图6-5　历史冰坝历时—长度—宽度统计

根据以上堤防溃口选取及历史冰坝特征分析结果,考虑最不利情况,设定当河道水位达防凌保证水位时堤防溃决,溃口为矩形,瞬间溃决到底,溃口宽度为1990年以来最大的100 m,分流72 h后开始复堵截流,封堵时间24 h。选取2007~2008年度凌汛期奎素段溃口上游典型洪水过程,以黄河宁蒙段(头道拐站)历史最大凌峰流量3 500 m^3/s为峰值进行同倍比放大,将其作为不同溃堤分析方案的上游入流条件,下游出流条件为头道拐站2007~2008年度稳封期水位—流量关系,溃口下游设置长度10 km的全河宽冰坝,冰坝糙率系数按壅水高度2~3 m进行设置,通过模型验证确定河道及洪泛区综合糙率。拟定的计算方案如表6-2所示。

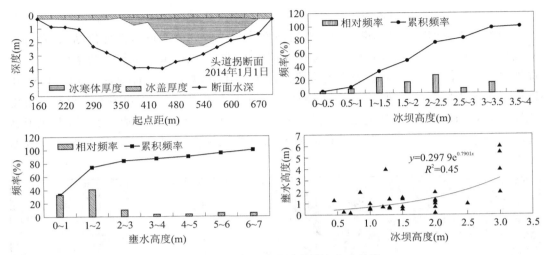

图 6-6　历史冰坝高度及其壅水高度统计

表 6-2　计算方案

类别	编号	溃口特征参数					出入流条件	说明
		位置	宽度	时刻	形状	形式		
模型率定验证	NO.1	无					入流:巴彦高勒站流量过程(2012年)出流:头道拐站 $H \sim Q$ 关系	巴彦高勒—头道拐河段河道凌汛洪水计算模型
	NO.2	独贵塔拉奎素段					溃口分流流量(2008年文献记载)	三湖河口段南岸泛区凌洪演进模型
凌洪溃堤风险分析	NO.3	打不素下游弯道右岸	100 m	河道水位达防凌保证水位	矩形	瞬间溃决到底	入流:历史最大凌峰同倍比放大流量过程出流:头道拐站 $H \sim Q$ 关系溃口:实时分流流量过程	巴彦高勒—头道拐河段河道-南岸泛区凌汛壅水溃堤风险分析耦合模型
	NO.4	羊场险工段						
	NO.5	丁家营子						
	NO.6	周四合营对岸下游弯道						
	NO.7	邬二圪梁险工上游弯道						

6.1.2.2　河道-泛区凌洪耦合仿真模型建立

利用巴彦高勒—头道拐河段 2012 年 10~11 月实测断面资料,构建河道一维凌汛洪水数值模型,计算河长 540 km,控制断面 146 个。根据堤防溃口位置确定洪泛区计算范围,采用非结构化三角形网格剖分区域地形,最大网格边长 100 m,基于 SRTM 90 m DEM(下文验证地形可靠性)构建不同溃口南岸泛区二维凌洪演进数值模型,并连接建立河道与泛区凌汛壅水-溃堤-淹没耦合仿真模型。不同数据源均统一为 CSCS 2000 Gauss-

Kruger 投影、1985 国家高程基准,不同溃口对应洪泛区地形及网格剖分(奎素段溃口,详见模型验证章节),如图 6-7 所示。

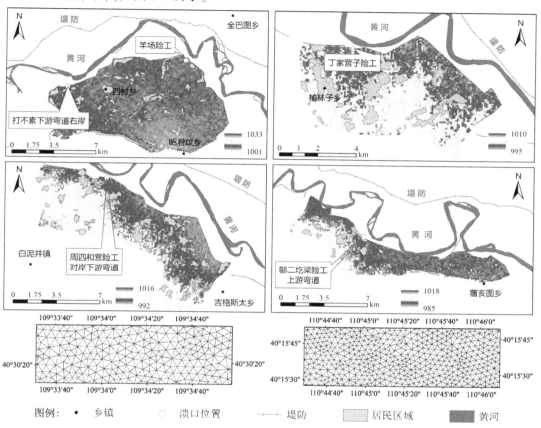

图例:　● 乡镇　　　⌂ 溃口位置　　　—— 堤防　　　居民区域　　　黄河

图 6-7　不同溃口南岸泛区地形图及网格剖分示意图

堤防溃口下游 10 km 全河段冰坝糙率设定为 0.15(由模型验证确定),泛区糙率为居民地 0.08(加大糙率)、旱地 0.04(由模型验证确定),干水深 0.005 m、湿水深 0.1 m,一二维耦合模型计算时间步长为 10 s。当河道水位达防凌保证水位(堤顶高程−2 m)时,堤防瞬间溃决到底,矩形溃口宽度 100 m,河道−泛区耦合模型的上游入流条件为 2008 年奎素段溃口上游流量过程的同倍比放大数据,下游出流条件为头道拐站 2007~2008 年度稳封期水位−流量关系,如图 6-8 所示。

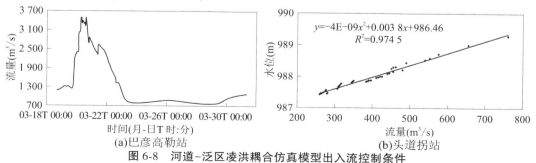

图 6-8　河道−泛区凌洪耦合仿真模型出入流控制条件

6.1.3 模型验证

6.1.3.1 河道一维凌汛洪水数值模型验证

根据巴彦高勒、三湖河口和头道拐站 2012 年 9~11 月实测日均水位与流量过程,设置河道一维凌汛洪水数值模型的上游入流条件为巴彦高勒站实测流量过程,下游出流条件为头道拐站水位—流量关系,洪水模拟时间为 2012 年 9 月 15 日至 2012 年 11 月 5 日,模型上下游控制断面及出入流条件如图 6-9 所示。模型验证结果如图 6-10 所示。

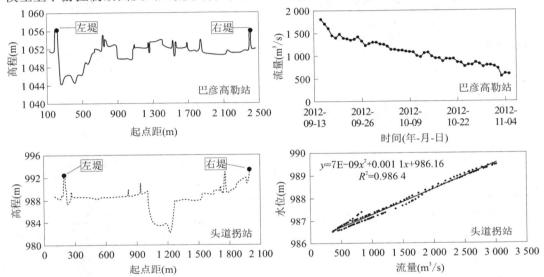

图 6-9　巴彦高勒—头道拐河段河道一维凌汛洪水数值模型验证的边界条件

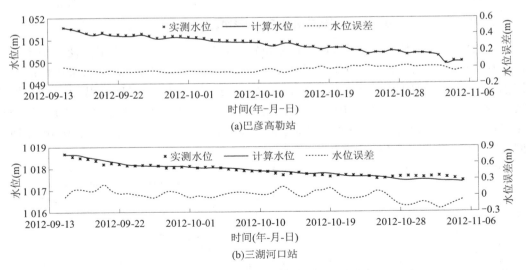

图 6-10　巴彦高勒—头道拐河段河道一维凌汛洪水数值模型验证结果

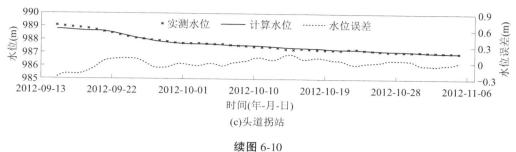

(c)头道拐站

续图 6-10

通过对比分析巴彦高勒、三湖河口和头道拐站实测水位与计算水位过程,发现三个水文测站 52 个日均水位计算绝对误差低于 0.20 m 的比例分别为 100%、96.15% 和 92.31%,说明所建河道一维凌汛洪水数值模型具有较高的计算精度,能够满足凌汛壅水计算与风险分析的需要,巴彦高勒—头道拐河段的综合糙率取值自上游至下游为 0.028 至 0.020 不均匀渐变。

为了进一步研究凌汛壅水高度与冰坝糙率的关联关系,选择独贵塔拉奎素段(黄断 37)、羊场险工段(黄断 64)、南海子险工段(黄断 80)、丁家营子险工段(黄断 90)、梁长河头险工段(黄断 98)等 5 处险工段,考虑不同流量条件 $Q=400$ m^3/s、800 m^3/s、1 200 m^3/s、1 600 m^3/s、2 000 m^3/s、2 400 m^3/s、2 800 m^3/s 和 3 200 m^3/s,分别对应于险工段下游 10 km 河段设定不同冰坝糙率 0.06、0.10、0.12 和 0.15,组合方案 160 个,基于已验证的巴彦高勒—头道拐河段河道一维凌汛洪水数值模型,模拟不同险工段、不同流量条件、不同冰坝糙率组合工况下的凌汛水位及壅水高度变化过程,如图 6-11 所示。与畅流期相比,随着冰坝糙率增大,冰坝上下游河段均发生不同程度的壅水现象,下游冰坝壅水范围更广;同一位置凌汛水位随着流量增大而升高,同流量下冰坝糙率越大,凌汛水位与壅水高度越高;相同糙率条件下,流量大于 1 200 m^3/s 时,壅水高度随流量增大而缓慢增加,壅水高度 2~3 m 对应冰坝糙率约为 0.15。

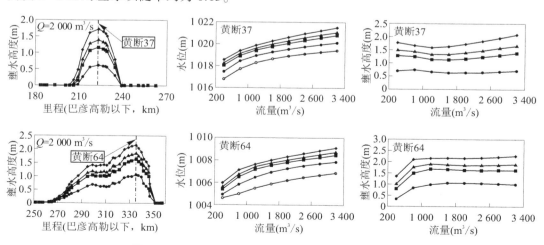

图 6-11　不同流量与糙率对应凌汛壅水高度变化曲线

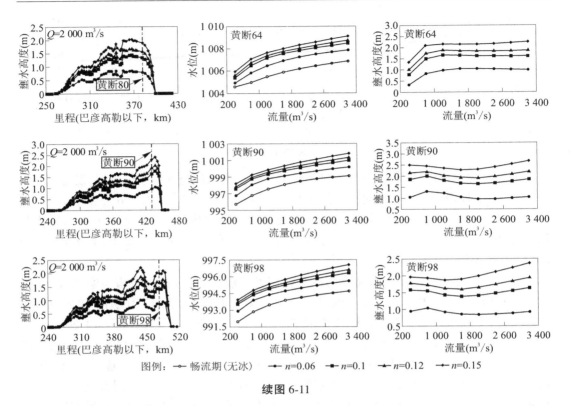

图例： —○— 畅流期(无冰)   —●— n=0.06   —■— n=0.1   —▲— n=0.12   —◆— n=0.15

续图 6-11

6.1.3.2 泛区二维凌洪演进数值模型验证

根据国家 1:5万 DEM、ASTER 30 m DEM、SRTM 90 m DEM 以及其他项目测绘高程数据(见图 6-12),分别构建三湖河口段南岸泛区二维凌洪演进数值模型,泛区计算面积

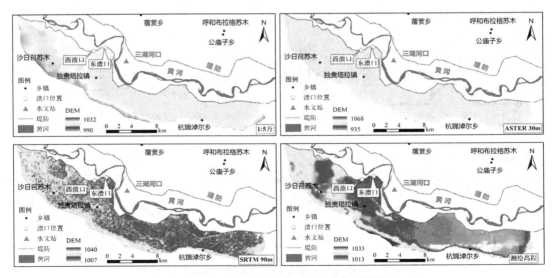

图 6-12   三湖河口段南岸泛区不同数据源地形

223.71 km²,采用非结构化网格剖分研究区域,最大网格边长 100 m,网格数量 3.86 万个,计算节点 2.03 万个,同时考虑杭锦淖尔分凌区边界的阻水作用,泛区糙率为居民地 0.08(加大糙率)、旱地 0.01~0.08,多次率定调参。根据 2008 年三湖河口奎素段凌汛溃堤洪水实际淹没情况,验证不同数据源地形的垂向精度以及泛区旱地流凌–地表综合糙率,模型入流条件为三湖河口奎素段东溃口与西溃口分流流量过程[197],如图 6-13 所示。

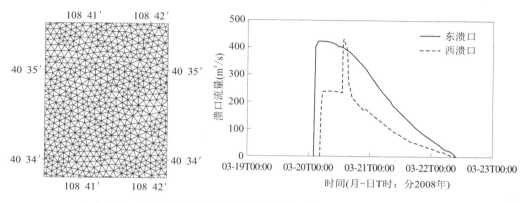

图 6-13　三湖河口段南岸泛区网格剖分示意图及溃口分流流量过程

本书以重叠淹没面积为主导,提出一种历史凌汛溃堤洪水淹没范围的定量化验证指标 SREP:

$$SREP = \frac{MSR - CSR \cap MSR}{MSR} \times 100\% \qquad (6\text{-}14)$$

式中:SREP 为淹没范围误差百分比;MSR 为实际淹没面积;CSR 为计算淹没面积;CSR ∩ MSR 为两者重叠面积。

考虑 4 种基础地形数据源、8 种旱地综合糙率($n = 0.01 \sim 0.08$),组合 32 个计算工况,模拟不同地形与糙率条件下 2008 年奎素段凌洪溃堤淹没过程,并与历史同期(2008 年 3 月 22 日)淹没区遥感影像实际受灾范围进行对比分析,以旱地综合糙率 $n = 0.04$ 和 SRTM 90 m DEM 分别作为固定条件的计算结果进行示意,如图 6-14 和图 6-15 所示。结果表明,从凌洪淹没范围及淹没面积角度分析,SRTM 90 m DEM 的垂向精度最高,与实际地形最为相符,计算淹没面积相对误差约为 10.67%,而且计算淹没范围基本涵盖了所有实际受灾乡镇与村庄,故选用 SRTM 90 m DEM 作为基础地形进行凌汛溃堤洪水模拟与风险评估;在 SRTM 90 m DEM 地形数据不变的情况下,随着泛区旱地综合糙率不断增大,凌洪淹没面积先增大后减少,淹没范围误差百分比 SREP 先降低后升高,两者具有相同的转折点,即 $n = 0.04$,此时计算淹没面积与重叠淹没面积均最大,SREP = 14.7%,说明泛区旱地综合糙率 $n = 0.04$ 与实际情况最为相符。综合以上模型验证结果,本章构建的河道–泛区凌汛溃堤洪水耦合仿真模型,具有较高的计算精度,能够满足凌汛壅水–溃堤–淹没耦合模拟与风险评估的需要。

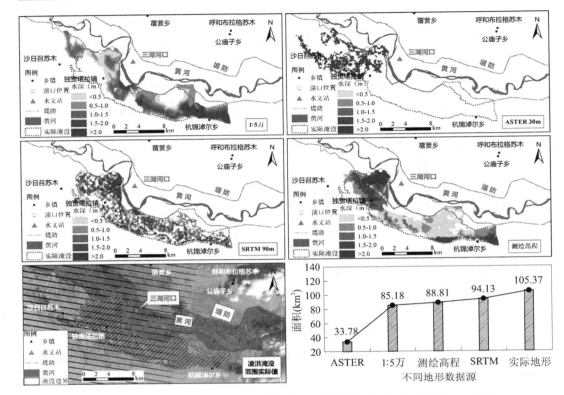

图 6-14　不同地形条件下凌洪淹没范围分布与淹没面积统计(旱地糙率 n = 0.04)

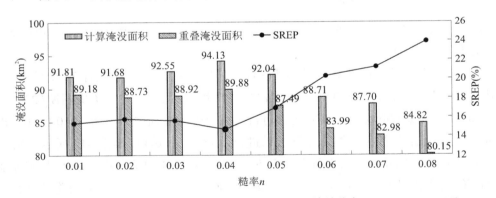

图 6-15　不同糙率条件下凌洪溃堤淹没面积及 SREP 统计分布(SRTM 90 m DEM)

6.2　凌洪溃堤淹没风险动态评估方法

6.2.1　评估思路及方法

根据凌汛溃堤洪水演进数值模拟、遥感影像解译以及现场调查结果,分析不同方案凌洪溃堤淹没风险(流速、水深、到达时间等)的时空分布特征,并基于洪泛区基础地理信息与影响指标调查统计数据,得到相同网格尺度下不同影响指标的空间分布情况,利用 GIS 空间数据分析技术,统计不同淹没风险等级对应的影响指标值,并在此基础上构建凌洪溃堤淹没风险评估指标体系,运用 FAHP、熵权法与 K-means 聚类算法进行凌洪淹没风险区划,其中分别采用权重差异性均匀归一化方法(第 4 章)以及权重乘积归一化方法(第 5 章),耦合改进 FAHP-熵权法,通过 FAHP、熵权法以及两种改进 FAHP-熵权算法赋权结果的对比分析,确定最佳赋权方法,然后耦合考虑凌汛堤防危险度与凌洪溃堤淹没易损度,开展多溃口凌洪联合风险分析与聚类评估,研究思路如图 6-16 所示。

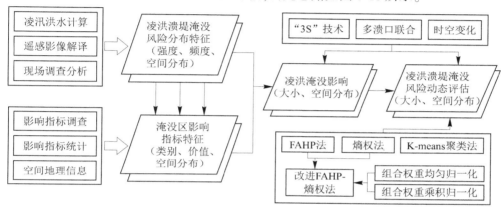

图 6-16　凌洪溃堤淹没风险动态评估思路

本章提出耦合凌汛堤防危险度与溃堤淹没易损度的多溃口凌洪联合风险度计算方法,如下式表达:

$$SRD_i = \eta \cdot FRD_i \quad i,j = 1,2,\cdots,n \tag{6-15}$$

$$\eta = \frac{DRD_i}{\sum_{j=1}^{n} DRD_j} \quad i,j = 1,2,\cdots,n \tag{6-16}$$

式中:SRD_i 为多溃口情景下凌汛壅水–溃堤–淹没综合风险度;FRD_i 为单一溃口凌洪淹没易损度;DRD_i 为凌汛堤防危险度;η 反映了上下游堤段相对出险概率;n 为溃口数量。

6.2.2　评估指标体系

考虑凌汛堤防危险性空间分布的异质性,耦合凌汛堤防危险度与凌洪淹没易损度,依据层次分析法思想,建立目标层、准则层和指标层三层递阶结构的多溃口凌洪联合风险评估指标体系,共包含 8 个评估指标,如图 6-17 所示。其中致灾因子危险性指标包括凌洪最大淹没水深、最大流速和前锋到达时间 3 个指标,主要反映凌汛溃堤洪水影响下人体及建筑物的淹没状态、冲击压力、冰冻时长和人员避难反应时长。孕灾环境敏感性指标包括数字地形高程、地形坡度和距溃口直线距离 3 个指标,主要反映地形地貌对凌汛洪水演进及淹没风险的影响。承灾体易损性指标包括建筑房屋占比和耕地占比 2 个指标,主要反映淹没范围内人口、GDP、耕地等影响或损失情况。

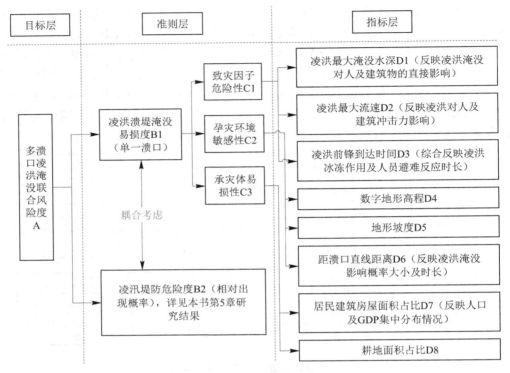

图 6-17　多溃口凌洪联合风险评估指标体系

6.3　河道与泛区凌汛壅水–溃堤–淹没动态耦合模拟结果

6.3.1　凌汛溃堤洪水动态演进过程

根据巴彦高勒—头道拐河道–泛区凌汛溃堤洪水耦合仿真模型,设置溃口瞬间溃决到底并于 72 h 后开始封堵、24 h 后溃口全部合龙,溃口宽度变化及分流流量过程,如图 6-18 所示。数值模拟不同情景方案对应的凌汛壅水–溃堤–淹没动态演进过程,统计不同溃口不同时刻凌洪淹没水深分布情况,如图 6-19 所示。

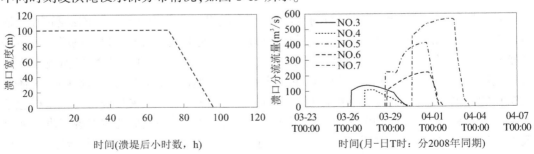

图 6-18　溃口宽度变化及分流流量过程曲线

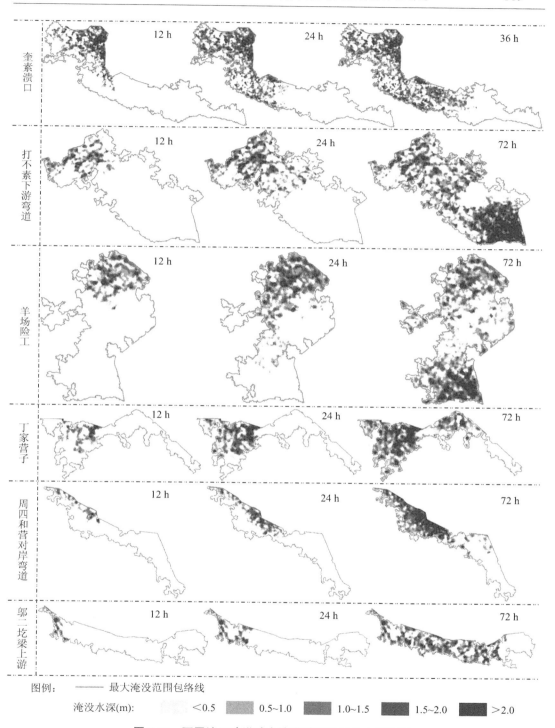

图例：——— 最大淹没范围包络线

淹没水深(m)：　　　< 0.5　　0.5~1.0　　1.0~1.5　　1.5~2.0　　> 2.0

图 6-19　不同溃口凌洪动态演进过程及淹没水深分布

6.3.2　凌洪淹没模拟结果分析

　　根据不同方案凌洪动态淹没过程模拟结果,计算不同溃口不同时刻凌洪淹没面积以及不同水深等级对应淹没面积变化情况,如图 6-20 所示。随着凌洪演进时间的推移,淹没面积不断增大,但增大速率缓慢减小,且多于 75~100 h 基本达到淹没平衡状态;由于地势环境影响,在河道凌汛洪水条件相同情况下,巴彦高勒—头道拐河段上游区域的淹没面积或影响范围更大;南岸泛区不同水深等级对应淹没面积占比分别为(0,0.5]占 24.92%、(0.5,1.0]占 28.31%、(1.0,2.0]占 33.69%、(2.0,3.0]占 10.57%、(3.0,5.0]占 2.51%,说明泛区地形整体较为平坦、坡度较缓,但凌洪淹没水深大于 1.0 m 的面积占比约为 46.77%,可见泛区凌洪溃堤淹没风险较大,淹没水深大于 1.0 m 的近居民区域,应作为防凌减灾重点保护范围。

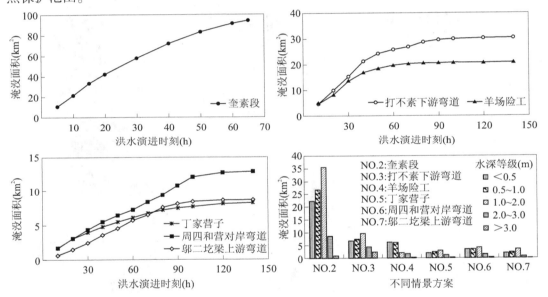

图 6-20　不同时刻和不同水深等级凌洪淹没面积动态变化过程

6.4　耦合堤防危险度的凌洪淹没风险聚类评估

6.4.1　风险评估样本矩阵构造与指标赋权

6.4.1.1　样本矩阵构造

　　根据不同方案溃口位置情况,设定研究区域编号,其中区域 1 对应 NO.2 方案,区域 2 对应 NO.3 和 NO.4 方案,区域 3 至区域 5 分别对应 NO.5、NO.6 和 NO.7 方案,统一不同区域凌洪淹没风险评估单元,对不同区域不同评估指标数据进行空间网格化处理,并对网格样本矩阵进行数据标准化,从而为多溃口情景下凌洪溃堤淹没风险度计算提供数据支持。

不同区域最大淹没范围内，不同风险评估指标赋值的空间分布情况，如图 6-21 ~ 图 6-25 所示。

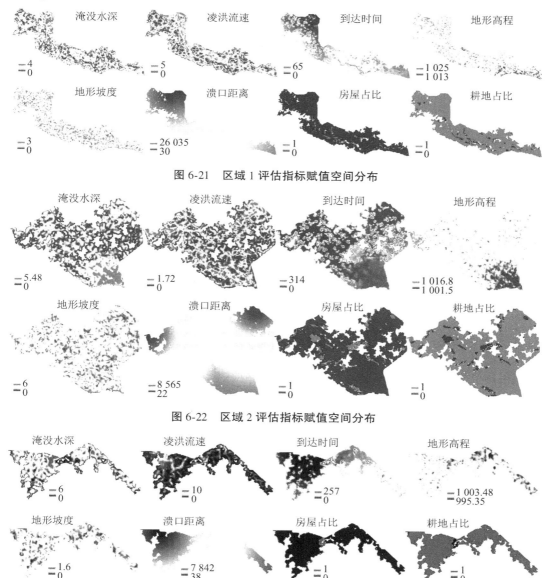

图 6-21　区域 1 评估指标赋值空间分布

图 6-22　区域 2 评估指标赋值空间分布

图 6-23　区域 3 评估指标赋值空间分布

6.4.1.2　评估指标赋权

1.单一溃口凌洪淹没易损度评估指标赋权

根据层次分析法构建单一溃口凌洪溃堤淹没易损度评估判断矩阵，如图 6-26 所示，在满足一致性检验（CI<0.1）条件下，采用模糊层次分析法（FAHP）、熵权法和两种改进 FAHP-熵权法，分别计算不同评估指标权重，如图 6-27 所示。不同区域、不同方法、不同

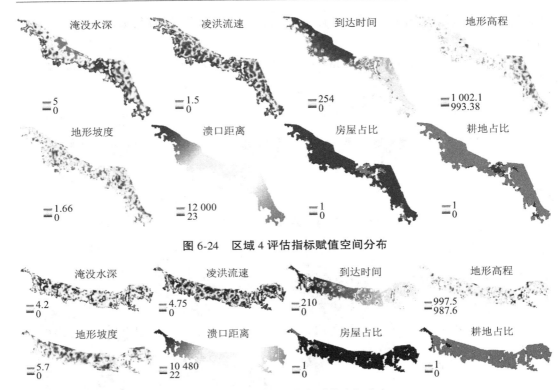

图 6-24　区域 4 评估指标赋值空间分布

图 6-25　区域 5 评估指标赋值空间分布

指标赋权结果的相对大小及其变化趋势具有一致性,除 D7(房屋占比)指标外,其余指标 FAHP 法计算权重均大于熵权法;FAHP-熵权乘积归一化方法过于放大 D7 指标权重,从而导致其余指标权重相对减小;而 FAHP-熵权差异均匀归一化方法计算的不同指标权重,均位于 FAHP 法与熵权法赋权值之间,较好地优化了专家经验与指标数据差异性对权重的综合影响,说明 FAHP-熵权差异均匀归一化方法的赋权结果更加合理。赋权权重较大的评估指标主要包括 D7(房屋占比)、D2(凌洪最大流速)、D1(凌洪最大淹没水深)和 D3(凌洪前锋到达时间)。

$$
\begin{bmatrix}
B1 & C1 & C2 & C3 \\
C1 & 1 & 5 & 3 \\
C2 & 1/5 & 1 & 1/3 \\
C3 & 1/3 & 3 & 1
\end{bmatrix}
\begin{bmatrix}
C1 & D1 & D2 & D3 \\
D1 & 1 & 1/3 & 3 \\
D2 & 3 & 1 & 3 \\
D3 & 1 & 1/3 & 1
\end{bmatrix}
\begin{bmatrix}
C2 & D4 & D5 & D6 \\
D4 & 1 & 1/3 & 1/5 \\
D5 & 3 & 1 & 1/3 \\
D6 & 5 & 3 & 1
\end{bmatrix}
\begin{bmatrix}
C3 & D7 & D8 \\
D7 & 1 & 8 \\
D8 & 1/8 & 1
\end{bmatrix}
$$

图 6-26　凌洪溃堤淹没易损度评估判断矩阵

2.耦合堤防危险度的多溃口凌洪淹没联合风险评估指标赋权

根据第 5 章凌汛堤防险工段划分与危险性评价结果,对不同溃口凌汛堤防危险度 DRD 进行归一化处理,得到反映上下游不同堤段的相对危险系数 η(见图 6-28(a)),η 与凌洪溃堤淹没易损度 FRD 乘积即为多溃口情景下凌汛壅水-溃堤-淹没综合风险度 SRD,贡献于不同区域 SRD 的不同评估指标权重,如图 6-28(b)所示。考虑凌汛堤防危险度情

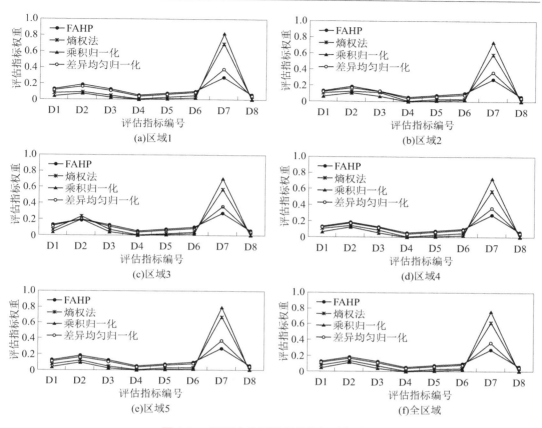

图 6-27　不同方法不同评估指标赋权结果

况下,不同区域凌洪溃堤淹没风险评估指标的权重大小排序为:区域 1>区域 3>区域 5>区域 2>区域 4,反映了上下游河段不同溃口位置凌洪溃堤淹没的联合风险空间分布特征,具有重要的现实意义。

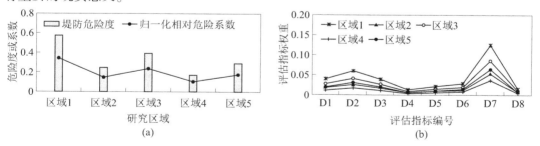

图 6-28　凌汛堤防危险度归一化及不同区域不同评估指标综合权重计算结果

6.4.2　凌洪溃堤淹没风险度计算及分级聚类

根据耦合堤防危险度的不同区域凌洪淹没风险评估指标权重,以及不同区域风险评估样本矩阵标准化数据,加权求和计算区域 1 至区域 5 凌洪溃堤淹没综合风险度,然后采用 K-means 聚类算法对所有区域综合风险度进行整体分级聚类,建立不同聚类中心数目

k 与万倍 SSE 的关联曲线(见图 6-29(a)),利用手肘法确定凌洪溃堤淹没风险等级为四级,由低至高分别为低风险、中风险、高风险和极高风险,不同风险等级对应聚类中心及网格单元数量如图 6-29(b)所示。

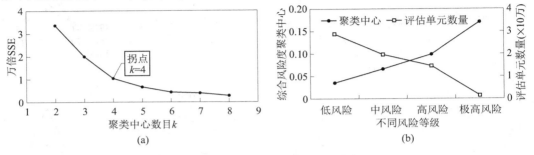

图 6-29　凌洪溃堤淹没风险分级聚类结果

6.4.3　不同区域凌洪溃堤淹没联合风险评估

6.4.3.1　凌洪溃堤淹没风险区划

基于不同区域凌汛壅水-溃堤-淹没动态耦合模拟结果,在凌洪淹没风险信息动态更新情况下,利用凌洪溃堤淹没风险评估方法,可以实现时空变化下凌洪淹没风险的动态评估,本章主要针对某一特定情景开展风险评估研究,不再赘述其他工况。考虑凌汛堤防危险度的不同区域凌洪溃堤淹没综合风险度空间分布情况,如图 6-30 所示,为了进一步探讨不同风险区划范围以及是否考虑堤防危险度对上下游多溃口凌洪淹没联合风险区划的影响,分别进行单一小区域风险区划(即每个区域单独区划)与全区域整体风险区划(所有区域作为整体统一区划),并基于 GIS 平台绘制耦合堤防危险度的小区域级和全区域级风险区划图,以及未耦合堤防危险度的全区域级风险区划图,如图 6-30 和图 6-31 所示。

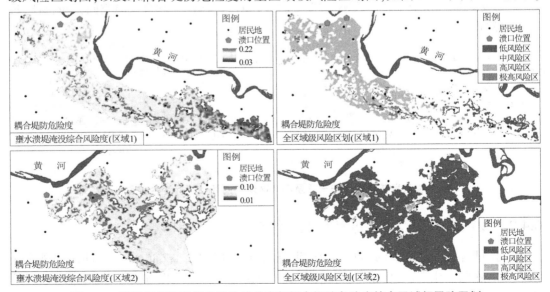

图 6-30　凌洪溃堤淹没综合风险度分布与耦合堤防危险度的全区域级风险区划

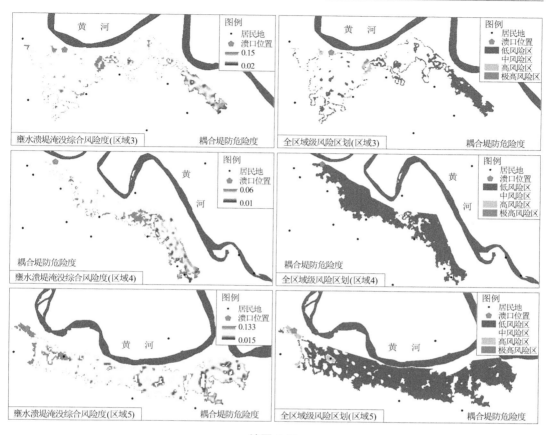

续图 6-30

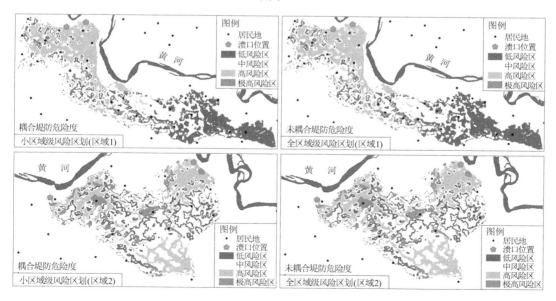

图 6-31　耦合堤防危险度小区域级风险区划图与未耦合堤防危险度全区域级风险区划图

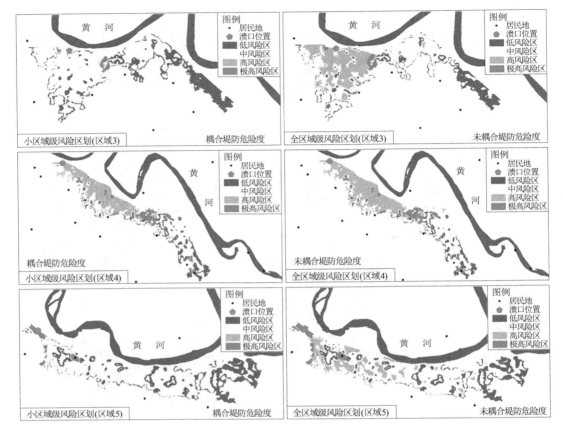

续图 6-31

6.4.3.2　不同区划范围下凌洪溃堤淹没风险分布特征

考虑凌汛堤防危险度情况下,不同区划范围对应的不同风险等级聚类中心及面积占比,如表 6-3 和图 6-32 所示。区域 1 至区域 5 小区域级风险区划结果,中风险区面积占比最大,其次是低风险区或高风险区,极高风险区占比最小;而全区域级风险区划结果,不同等级风险区面积占比由大到小依次是低风险区、中风险区、高风险区和极高风险区;对比图 6-30 和图 6-31,从不同等级风险区面积占比和上下游堤段凌洪淹没风险全局防控的角度分析,耦合堤防危险度的小区域级风险区划结果仅能反映单一区域凌洪风险分布情况,而全区域级风险区划结果,更多体现了长河段、跨区域、多溃口凌洪淹没风险分布的关联性与差异性,与单一区域风险区划相结合,可为多空间尺度下凌洪溃堤淹没风险防控提供支持。

表 6-3　不同区划范围下不同等级风险聚类中心及面积占比情况

风险等级	区域 1		区域 2		区域 3	
	聚类中心	百分比(%)	聚类中心	百分比(%)	聚类中心	百分比(%)
低风险	0.055 09	33.49	0.022 54	22.19	0.040 71	39.47
中风险	0.080 06	36.46	0.036 12	40.63	0.063 38	56.87

续表 6-3

风险等级	区域 1		区域 2		区域 3	
	聚类中心	百分比(%)	聚类中心	百分比(%)	聚类中心	百分比(%)
高风险	0.106 02	26.14	0.045 35	29.89	0.102 16	2.23
极高风险	0.172 11	3.91	0.077 60	7.29	0.124 99	1.43

风险等级	区域 4		区域 5		全区域	
	聚类中心	百分比(%)	聚类中心	百分比(%)	聚类中心	百分比(%)
低风险	0.016 92	21.42	0.028 25	34.61	0.035 24	44.69
中风险	0.024 35	37.92	0.044 25	61.37	0.065 96	30.52
高风险	0.032 94	31.85	0.082 66	1.85	0.099 10	22.63
极高风险	0.049 47	8.81	0.106 66	2.17	0.170 84	2.16

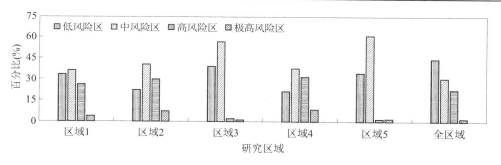

图 6-32 不同区划范围下不同等级风险区面积占比统计

6.4.3.3 考虑堤防危险度对跨区域凌洪溃堤淹没风险分布的影响

通过对比分析考虑与未考虑凌汛堤防危险度的全区域级风险区划结果(见图 6-30 和图 6-31),以及不同区域不同等级风险区面积占比(见图 6-33)情况,可知:考虑凌汛堤防危险度情况下,不同区域不同等级风险区面积占比的差异性较大,反映了跨区域凌洪溃堤淹没风险的空间差异特征,整体风险大小为区域 1>区域 3>区域 2>区域 5>区域 4,低风险区至极高风险区面积占比基本呈梯级减小趋势;而未考虑凌汛堤防危险度情况下,各区域中风险区面积占比最大,其次是低风险区或高风险区,极高风险区占比最小,同一区域相同评估单元对应的风险等级基本高于耦合堤防危险度的区划结果,且仅能反映单一区域凌洪淹没风险的分布特征;对比分析未考虑堤防危险度全区域级风险区划结果与考虑堤防危险度小区域级风险区划结果,发现前者区划结果中区域 3 和区域 5 的高风险区占比稍大,区域 1、区域 2 和区域 4 的不同区划结果中不同等级风险分布并无明显差异性,但均未能体现考虑凌汛堤防危险度的跨区域溃堤淹没联合风险分布特征。综上分析,考虑凌汛堤防危险度的全区域级凌洪溃堤淹没风险区划结果更加合理,可为长河段突发链发性凌洪溃堤淹没风险防控提供支持。

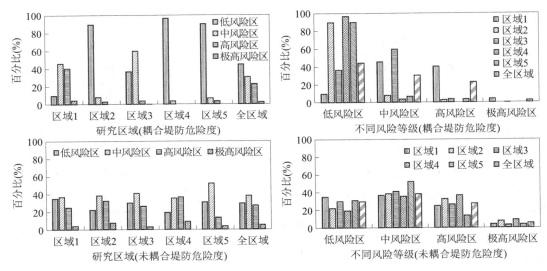

图 6-33　考虑及未考虑堤防危险度不同区域不同等级风险区面积占比分布

6.4.4　凌洪溃堤淹没易损性变化趋势分析

6.4.4.1　主要影响因素识别

以"不同风险等级对应指标均值的差异性越大,高风险区或极高风险区对应指标标准化均值越高,指标影响程度越大"作为凌洪溃堤淹没易损性主要影响因素的判别标准,根据考虑堤防危险度的全区域级凌洪溃堤淹没风险区划结果,统计不同区域不同等级风险区对应的评估指标均值及其标准化均值,如表 6-4 和图 6-34 所示。不同区域不同评估指标对凌洪溃堤淹没易损性的影响程度差异较大,主要影响因素(前 5)包括房屋占比($D7$)、凌洪前锋到达时间($D3$)、耕地占比($D8$)、凌洪最大流速($D2$)、凌洪最大淹没水深($D1$),从凌洪溃堤淹没易损性角度分析,$D7$ 和 $D8$ 指标反映了房屋建筑、耕地、人口及 GDP 等承灾体对凌洪溃堤淹没的易损性,$D1$、$D2$ 和 $D3$ 指标反映了凌洪演进动力因素对承灾体的破坏力,$D4$、$D5$ 和 $D6$ 指标反映了溃口及地形条件对凌洪演进的影响,不同评估指标之间相互关联制约,分析结果与实际凌汛溃堤灾害的影响因素基本相符。

表 6-4　不同区域不同等级风险区对应评估指标均值及其变异系数统计

研究区域	风险等级	评价指标体系							
		D1	D2	D3	D4	D5	D6	D7	D8
区域 1	低风险	0.19	0.04	61	1 019	0.60	15 970	0	1.00
	中风险	0.64	0.13	43	1 019	0.58	10 920	0	1.00
	高风险	1.36	0.25	14	1 018	0.57	5 283	0.02	0.98
	极高风险	0.51	0.08	41	1 019	0.61	10 238	0.92	0.08
	变异系数	0.73	0.71	0.49	0	0.03	0.41	1.95	0.59

续表 6-4

研究区域	风险等级	评价指标体系							
		D1	D2	D3	D4	D5	D6	D7	D8
区域2	低风险	1.01	0.13	103	1 007	0.51	4 326	0.01	0.99
	中风险	0.98	0.19	110	1 007	0.57	3 753	0.63	0.37
	高风险	1.23	0.18	24	1 007	0.47	3 445	0.99	0.01
	极高风险								
	变异系数	0.13	0.18	0.60	0.00	0.10	0.12	0.92	1.09
区域3	低风险	0.32	0.04	177	999	0.56	4 114	0	1.00
	中风险	1.27	0.15	39	999	0.54	2 101	0	1.00
	高风险	0.59	0.63	145	1 000	0.73	1 925	0.79	0.21
	极高风险	1.83	5.08	18	999	0.95	1 731	0.89	0.11
	变异系数	0.68	1.64	0.83	0	0.27	0.45	1.15	0.84
区域4	低风险	0.93	0.10	94	997	0.49	5 831	0.06	0.94
	中风险	0.58	0.07	86	997	0.53	6 714	0.99	0.01
	高风险								
	极高风险								
	变异系数	0.33	0.24	0.06	0	0.06	0.10	1.24	1.37
区域5	低风险	0.80	0.11	89	992	0.67	5 341	0	1.00
	中风险	1.66	0.20	29	992	0.69	2 127	0.08	0.92
	高风险	0.75	0.23	70	993	0.69	922	0.97	0.03
	极高风险	3.03	6.36	0	992	0.38	50	1.00	0
	变异系数	0.68	1.79	0.85	0	0.25	1.10	1.07	1.12
全区域	低风险	0.84	0.11	98	1 005	0.54	6 031	0.01	0.99
	中风险	0.75	0.14	47	1 015	0.58	9 316	0.06	0.94
	高风险	1.34	0.25	16	1 018	0.57	5 160	0.06	0.94
	极高风险	0.52	0.11	41	1 019	0.62	10 195	0.92	0.08
	变异系数	0.40	0.43	0.68	0.01	0.06	0.32	1.67	0.59

6.4.4.2 多因素影响下凌洪溃堤淹没易损性变化趋势分析

前序章节研究结果表明,在气候变暖与人类活动双重影响下,黄河宁蒙段凌汛冰塞险情与堤防危险性整体降低,但更多存在极端天气条件下突发性冰塞冰坝及漫溃堤凌汛灾害风险,由于开河期流速快速增大与水位迅速回落等因素影响,堤防易发生管涌、渗漏与边坡滑塌险情,严重时将造成堤防漫溃决灾害,可见复杂环境冰塞冰坝壅水诱发堤防溃决

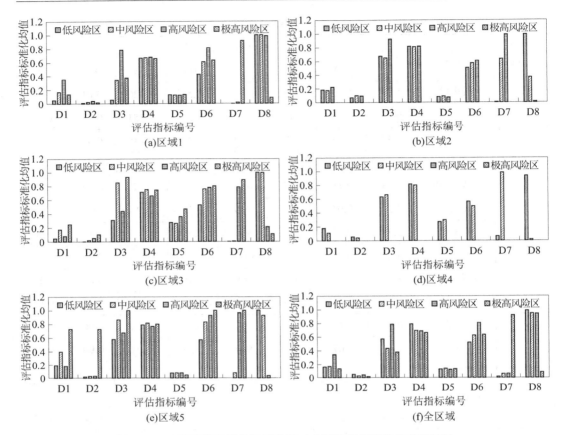

图 6-34　不同区域不同等级风险区对应评价指标标准化均值统计

灾害仍是黄河宁蒙段凌汛期极为突出的重大自然灾害之一。

复杂地形条件下凌洪溃堤淹没具有水流湍急、流速大、水毁破坏强度大、影响范围广等特点,随着黄河沿岸社会经济的快速发展,工矿企业亲水近水建设,生态环境更适宜人居,建筑面积不断增大,人口密集度升高,从而导致凌洪溃堤淹没区内的房屋占比、人口及GDP不断增加,下垫面综合糙率整体增大,密集建筑物影响下局部凌洪流速与冲击破坏力增大,凌洪前锋到达时间相对延长,最大淹没水深增加,造成凌洪溃堤淹没易损性将整体增大,这与历史凌汛灾害损失的变化趋势基本一致,即凌汛灾害发生频次或有减少,但突发性冰塞冰坝壅水及漫溃堤灾害损失不断增大。因此,多因素综合影响下凌洪溃堤概率或有减小,但突发性凌洪溃堤淹没易损性将呈逐渐增大趋势。

6.5　本章小结

本章主要研究构建了黄河宁蒙段(巴彦高勒—头道拐)凌汛溃堤洪水耦合计算模型,模拟了不同方案河道与泛区凌汛壅水-溃堤-淹没动态耦合过程,并考虑凌汛堤防危险性空间分布的异质性,耦合凌汛堤防危险度与凌洪溃堤淹没易损度,开展了黄河宁蒙段凌洪溃堤淹没风险动态评估方法及其应用研究。主要研究内容及结论如下:

　　（1）研究了河道与泛区凌汛壅水-溃堤-淹没动态耦合模型构建方法及其优化措施，并根据黄河巴彦高勒—头道拐河段 2012 年 10~11 月实测断面资料、洪水过程以及泛区不同来源地形数据，建立并验证了河道-泛区凌汛溃堤洪水动态耦合仿真模型。结果表明，河道综合糙率取值范围为 0.020~0.028，冰塞冰坝壅水高度 2~3 m 对应冰盖糙率约为 0.15；提出凌洪淹没范围定量化验证指标 SREP 的可靠性较高，泛区旱地流凌-地表综合糙率 $n=0.04$，SRTM 90 m DEM 的垂向精度与实际地形最为相符，由于地形地貌环境的变化影响，淹没面积模拟相对误差为 10.67%，$SREP=14.7\%$，所建模型具有较高的计算精度。

　　（2）运用已验证的河道-泛区凌汛溃堤洪水动态耦合仿真模型，模拟了 5 个风险区、7 个溃口的凌汛壅水-溃堤-淹没动态耦合演进过程，并进行凌洪淹没风险分析。结果表明，所有风险区不同水深等级对应淹没面积占比分别为（0，0.5］占 24.92%、（0.5，1.0］占 28.31%、（1.0，2.0］占 33.69%、（2.0，3.0］占 10.57%、（3.0，5.0］占 2.51%，淹没水深大于 1.0 m 的近居民区域，应作为防凌减灾重点保护对象。

　　（3）考虑凌汛堤防危险性空间分布的异质性，通过耦合凌汛堤防危险度与凌洪溃堤淹没易损度，基于凌汛溃堤洪水耦合模型、"3S"技术、多组合优化赋权法、K-means 聚类算法等，提出了凌洪溃堤淹没风险动态评估方法，并开展多个溃口凌洪淹没联合风险评估。结果表明，从不同等级风险区面积占比和上下游堤段凌洪淹没风险全局防控的角度分析，耦合堤防危险度的全区域级风险区划结果，更多体现了长河段、跨区域、多溃口凌洪淹没风险分布的关联性与差异性，与单一区域风险区划相结合，可为多空间尺度下凌洪溃堤淹没风险防控提供支持。

　　（4）凌洪溃堤淹没易损性的主要影响因素包括房屋占比、凌洪前锋到达时间、耕地占比、凌洪最大流速和最大淹没水深，随着黄河沿岸社会经济快速发展，房屋占比、人口及 GDP 不断增加，密集建筑物的局部凌洪流速与冲击破坏力有所增大，凌洪前锋到达时间相对延长，最大淹没水深增加，多因素综合影响下凌洪溃堤概率或有减小，但突发性凌洪溃堤淹没易损性将呈逐渐增大趋势。

第 7 章　结束语

　　本书依托国家重点研发计划项目"黄河凌汛监测与灾害防控关键技术研究与示范"和国家 172 项重大水利工程信息化防灾项目"黄河宁夏段二期防洪工程堤坝安全监测与智能管理系统",较为深入地研究了黄河宁蒙段凌情与凌汛灾害演变特征及其驱动机制,分析了黄河宁蒙段凌汛洪水风险分布特征,并通过研究不同维度河势分形特征及其与冰塞冰坝的关联关系,提出了凌汛冰塞险情诊断方法,开展了凌汛堤防险工段划分与危险性评价,并进行黄河宁蒙段凌汛溃堤洪水耦合计算模型与风险动态评估研究,主要创新性研究成果体现在以下几个方面:

　　(1)研究揭示了黄河宁蒙段凌情变化特征及气温变化对其影响机制,以及凌汛灾害演变特征与气温变化、水流条件、分凌区应急调控对其驱动机制,并系统分析了黄河宁蒙段凌汛洪水风险的分布特征,一定程度丰富了凌汛灾害防御的理论体系,可为凌汛灾害风险的早期识别、预测与评价提供理论依据。

　　(2)通过研究黄河宁蒙段横断面-纵剖面-平面不同维度河势分形特征及其与冰塞冰坝的关联性,提出了基于多组合均匀优化赋权、K-means 聚类与随机森林的冰塞险情诊断方法,并研究了黄河石嘴山——头道拐段冰塞易发河段及其险情等级的空间分布特征,辨识了冰塞险情主要驱动因子,分析了多因素耦合驱动下冰塞险情变化趋势,可为凌汛冰塞险情的快速诊断判别提供支持。

　　(3)提出了基于改进 FAHP-熵权聚类算法的凌汛堤防险工段划分与危险性评价方法,并研究了黄河巴彦高勒——头道拐河段凌汛堤防险工段的空间分布特征,分析了凌汛堤防危险性关键影响因素及其变化趋势,可为凌汛堤防险工段判别及其危险性定量评价提供支持。

　　(4)考虑凌汛堤防危险性分布的空间异质性,耦合凌汛堤防危险度与凌洪淹没易损度,研究提出了凌洪溃堤淹没风险动态评估方法,建立了黄河巴彦高勒——头道拐河道与泛区凌洪动态耦合仿真模型,并进行多溃口凌汛壅水-溃堤-淹没耦合模拟与凌洪联合风险聚类评估,可为长河段不同空间尺度下突发链发性凌洪溃堤淹没风险评估提供支撑。

　　本书虽然在有限时间取得了以上研究成果,但由于凌汛成灾致灾环境复杂多变,著者认为未来还需从以下几方面进一步深入开展研究工作:①不同时空尺度下凌汛堤防危险性的演变规律及其智能预测方法;②气候变化与人类活动等多因素耦合驱动下堤防工程险情的时空动力响应特性与险情破坏动力机制;③凌汛期堤防险情监测-预警-防控理论方法体系;④"河冰生消演变—冰塞冰坝壅水—堤防漫溃险情—凌洪淹没风险"凌汛灾害链的智能预测预报模型,等等。

　　本书聚焦凌汛灾害演变机制辨识与风险评估科学技术难题,结合理论与实践,形成了一定的凌汛灾害防御技术方法体系,希望所著成果能够为寒区河道凌汛灾害防御、应急指挥决策、风险评估管理及土地利用规划等提供重要支持,为高等学校水利工程学科防洪减灾专业的教学提供参考资料。

参 考 文 献

[1] Shen H T.河冰研究[M].霍世青等译.郑州:黄河水利出版社,2010.

[2] Beltaos S. A conceptual model of river ice breakup[J]. Canadian Journal of Civil Engineering, 1984, 11
(3):516-529.

[3] Agafonova S A, Frolova N L, Krylenko I N, et al. Dangerous ice phenomena on the lowland rivers of Euro-
pean Russia[J]. Natural Hazards, 2017, 88: 171-188.

[4] 杨开林,郭新蕾,王涛,等.冰下爆破预防冰坝的理论探索及实践[J].水利学报,2020,51(2):
127-139.

[5] 王军,钱淑香.基于多相流理论的冰、水、沙运动方程探讨[J].合肥工业大学学报(自然科学版),
2002(4):541-544.

[6] 李志军,韩明,秦建敏,等.冰厚变化的现场监测现状和研究进展[J].水科学进展,2005(5):753-757.

[7] 苑希民,曾勇红,王秀杰,等.防洪减灾与地理信息系统应用[M].天津:天津大学出版社,2019.

[8] 冯国娜.黄河内蒙段冰情预报模型与凌汛洪水风险研究[D].天津:天津大学,2014.

[9] 郜国明,邓宇,田治宗,等.黄河冰凌近期研究简述与展望[J].人民黄河,2019,41(10):77-81,108.

[10] 徐剑峰.黄河内蒙古段凌洪灾害及防凌减灾对策[J].冰川冻土,1995(1):1-7.

[11] 冯国华,朝伦巴根,闫新光.黄河内蒙古段冰凌形成机理及凌汛成因分析研究[J].水文,2008(3):
74-76.

[12] 闫新光.黄河特大凌汛防御管理措施及成因分析[J].中国防汛抗旱,2008,18(6):24-26,35.

[13] 张泽中,徐建新,彭少明,等.黄河宁蒙河段冰塞增多冰坝减少的成因分析[J].人民黄河,2010,32
(10):31-33,152.

[14] 刘啸骋.黄河呼和浩特市段凌汛主要成因及防御措施[J].内蒙古水利,2015(6):102-103.

[15] 王文东,张芳华,康志明,等.黄河宁蒙河段凌汛特征及成因分析[J].气象,2006(3):32-38.

[16] 赵炜.历史上的黄河凌汛灾害及原因[J].中国水利,2007(3):43-46.

[17] 赵忠武,边永昌,范全.黄河乌海段凌灾成因分析与防凌措施初探[J].内蒙古水利,2002(1):27-29.

[18] 雷鸣,高治定.2007~2008年黄河宁蒙河段凌汛成因分析[J].黑龙江大学工程学报,2011,2(4):37-
42,47.

[19] 陈正,李杨,高洪涛.黄河内蒙古段凌汛的危害及其气候地理成因[J].内蒙古气象,2008(2):32-33.

[20] 邓宇,GONCHAROV Vadim,张宝森,等.气温变化对黄河封河期冰厚的影响分析[J].人民黄河,
2019,41(5):19-22.

[21] 刘吉峰,程艳红,刘珂,等.黄河宁蒙河段冬季气温特点及其对凌情影响[J].中国防汛抗旱,2018,28
(12):47-52.

[22] 康玲玲,王云璋,陈发中,等.黄河上游宁蒙河段气温变化对凌情影响的分析[J].冰川冻土,2001
(3):318-322.

[23] 顾润源,周伟灿,白美兰,等.气候变化对黄河内蒙古段凌汛期的影响[J].中国沙漠,2012,32(6):
1751-1756.

[24] 朱钦博,李畅游,冀鸿兰,等.气温变化和水库运行对黄河内蒙古段凌情的影响[J].水电能源科学,
2015,33(8):5-8,83.

[25] 朱钦博.气候变化影响下黄河(内蒙古段)河冰特性研究[D].呼和浩特:内蒙古农业大学,2015.

[26] 黄强,李群,张泽中,等.龙刘两库联合运用对宁蒙河段冰塞影响分析[J].水力发电学报,2008,27

（6）：142-147.

［27］刘晓岩，司源.黄河上游水库调节对宁蒙河段防凌的影响［J］.人民黄河，2011，33（10）：4-6.

［28］苏腾，黄河清，周园园.黄河宁蒙河段水文-水温过程和河道形态变化对凌汛的影响［J］.资源科学，2016，38（5）：948-955.

［29］刘晓岩，刘九玉，张学成，等.宁夏灌区退水对黄河封河期防凌调度的影响［J］.人民黄河，2010，32（5）：4-7+140.

［30］刘吉峰，杨健，霍世青，等.黄河宁蒙河段冰凌变化新特点分析［J］.人民黄河，2012，34（11）：12-14.

［31］赵炜.历史上的黄河凌汛灾害及原因［J］.中国水利，2007（3）：43-46.

［32］鲁仕宝，黄强，吴成国，等.黄河宁蒙段冰凌灾害及水库防凌措施［J］.自然灾害学报，2010，19（4）：43-47.

［33］韩俊丽，段文阁.黄河内蒙段凌汛灾害及其防治［J］.阴山学刊（自然科学版），1994（1）：69-73.

［34］潘进军，白美兰.内蒙古黄河凌汛灾害及其防御［J］.应用气象学报，2008（1）：106-110.

［35］牛运光.江河凌汛险情的防护［J］.中国水利，1997（3）：37-38.

［36］闫新光.黄河特大凌汛防御管理措施及成因分析［J］.中国防汛抗旱，2008，18（6）：24-26，35.

［37］孟闻远，张蕊，王俊锋.黄河防凌减灾方案新探索［J］.华北水利水电学院学报，2012，33（2）：50-52.

［38］蔡彬，张希玉，毕东升.全面提升黄河防凌减灾综合能力的对策与建议［J］.中国水利，2009（9）：14-15.

［39］邰国明，邓宇，张宝森.黄河内蒙古河段应急分凌区设置与运用研究［J］.人民黄河，2010，32（9）：16-17，19.

［40］滕翔，张兴红，吴强.黄河凌汛险情应急处置［J］.人民黄河，2011，33（1）：6-8.

［41］翟家瑞.黄河防凌与调度［J］.中国水利，2007（3）：34-37.

［42］刘晓岩，司源.黄河上游水库调节对宁蒙河段防凌的影响［J］.人民黄河，2011，33（10）：4-6.

［43］雷鸣，鲁俊，高治定.龙羊峡、刘家峡水库防凌优化调度研究［J］.人民黄河，2014，36（11）：33-35，38.

［44］孙宗义，罗万章.黄河上游梯级水量调度与宁蒙河段冰情变化关系分析［J］.水力发电，1997（9）：45-48.

［45］邓宇，岳瑜素.基于无人机航测的黄河冰凌监测试验研究［J］.中国防汛抗旱，2016，26（4）：34-38.

［46］何厚军，马晓兵，刘学工，等.遥感技术在黄河凌情监测中的应用［J］.中国防汛抗旱，2015，25（6）：10-13.

［47］刘彩凤.内蒙古境内河流凌汛期水位高度远程监控预警［J］.科技通报，2017，33（4）：130-133.

［48］Ashton G D. River ice problems, where are we? —A review［C］// IAHR Workshop on River Ice. Delft，1987.

［49］Beltaos S. Current North American trend in river ice research［C］// Nordic Expert Meeting on River Ice. 1987：3-29.

［50］Flato G M，Gerard R. Calculation of ice jam profiles［C］// 4th Workshop on River Ice，CGU-HS Committee on River Ice Processes and the Environment. Edmonton，1986.

［51］Shen H T. River ice Processes-State of research［C］// 13th IAHR International Symposium on Ice. Delft，1996.

［52］Shen H T. A trip through the life of river ice research progress and needs［C］// 18th IAHR Ice symposium. Sapporo，2006.

［53］Beltaos S. Numerical computation of river ice jams［J］. Canadian Journal of Civil Engineering，1993，20（1）：88-89.

［54］Beltaos S. River ice jams：Theory，case studies and applications［J］. Journal of Hydraulic Engineering，

1983, 109(10):1338-1359.

[55] Shen H T, Shen H H, Tsai S M. Dynamic transport of river ice[J]. Journal of Hydraulic Research, 1990, 28(6):659-671.

[56] Shen H T, Wang D S. Undercover transport and accumulation of frazil granules[J]. Journal of Hydraulic Engineering, 1995, 120(2):184-194.

[57] Shen H T, Su J, Liu L. SPH simulation of river ice dynamics[J]. Journal of computational physics, 2000, 165(2):752-770.

[58] Huang F B, Shen H T, Ian M K. Modeling border ice formation and cover progression in river[C]// 21st IAHR International Symposium on Ice. Dalian, 2012.

[59] Hirayama K, Yamazaki M, Shen H T. Aspects of river ice hydrology in Japan[J]. Hydrological Processes, 2002, 16(4):891-904.

[60] Liu L, Shen H T. Dynamics of ice jam release surges[C]// 17th IAHR International Symposium on Ice. Saint Petersburg, 2004:244-250.

[61] Ian M K, Huang F B, Shen H T. A numerical model study on St.Marys river ice conditions[C]// 21st IAHR International Symposium on Ice. Dalian, 2012.

[62] Brayall M. Applicability of 2D modeling for forecasting ice jam flood levels in the Hay River Delta, Canada[J]. Canadian Journal of Civil Engineering, 2012, 39(6):701-712.

[63] Lindenschmidt Karl-Erich, Apurba D, Prabin R, et al. Ice-jam flood risk assessment and mapping [J]. Hydrological Processes, 2016, 30(21):3754-3769.

[64] Lindenschmidt Karl-Erich. RIVICE-A Non-Proprietary, Open-Source, One-Dimensional River-Ice Model [J]. Water, 2017, 9(5):314.

[65] 杨开林,刘之平,李桂芬,等.河道冰塞的模拟[J].水利水电技术,2002(10):40-47.

[66] 杨开林.河渠冰水力学、冰情观测与预报研究进展[J].水利学报,2018,49(1):81-91.

[67] 王军.河冰形成和演变分析[M].合肥:合肥工业大学出版社,2004.

[68] 王军.河冰水力学研究进展[J].水利水电技术,2004(5):111-113.

[69] 王军,赵慧敏.河流冰塞数值模拟进展[J].水科学进展,2008(4):597-604.

[70] 茅泽育,吴剑疆,张磊,等.天然河道冰塞演变发展的数值模拟[J].水科学进展,2003(6):700-705.

[71] 吴剑疆,茅泽育,王爱民,等.河道中水内冰演变的数值计算[J].清华大学学报(自然科学版),2003 (5):702-705.

[72] 吴剑疆,赵雪峰,茅泽育.江河冰凌数学模型研究[M].北京:中国水利水电出版社,2016.

[73] 徐国宾.河冰演变过程分析的一维数学模型研究[J].水资源与水工程学报,2011,22(5):78-83,87.

[74] 赵新.大型输水工程冰期输水能力与冰害防治控制研究[D].天津:天津大学,2011.

[75] 安娟.水电站引水渠道弯道式排冰数值模拟与优化[D].天津:天津大学,2009.

[76] 张自强.高寒地区引水渠道水内冰演变的数值模拟及应用[D].天津:天津大学,2010.

[77] 罗昉昕.输水渠道冰凌下潜数值模拟研究[D].天津:天津大学,2012.

[78] 郭维维.长距离输水工程的冰期冰盖模拟[D].天津:天津大学,2012.

[79] 宋小艳.输水渠道潜冰运动规律的物理模型与数值模拟研究[D].天津:天津大学,2014.

[80] 王军.冰塞形成机理与冰盖下速度场和冰粒两相流模拟分析[D].合肥:合肥工业大学,2007.

[81] 李清刚.冰盖形成及厚度变化的数值模拟[D].合肥:合肥工业大学,2007.

[82] 王军,陈胖胖,江涛,等.冰盖下冰塞堆积的数值模拟[J].水利学报,2009,40(3):348-354,363.

[83] 程保磊.封冻期冰塞作用下桥墩壅水性能的研究[D].合肥:合肥工业大学,2014.

[84] 穆祥鹏,陈云飞,吴艳,等.冰水二相流渠道流冰输移演变规律及其安全运行措施研究[J].南水北调

与水利科技,2018,16(5):144-151.

[85] 穆祥鹏,陈文学,崔巍,等.长距离输水渠道冰期运行控制研究[J].南水北调与水利科技,2010,8(1):8-13.

[86] 郭新蕾,杨开林,付辉,等.南水北调中线工程冬季输水冰情的数值模拟[J].水利学报,2011,42(11):1268-1276.

[87] 李超.黄河(内蒙古段)河冰生消演变特性及数值模拟研究[D].呼和浩特:内蒙古农业大学,2015.

[88] 赵水霞.封开河冰塞热力学模拟及冰水动力学机理研究[D].呼和浩特:内蒙古农业大学,2019.

[89] 凌汛计算规范 SL 428—2008[S].北京:中国水利水电出版社,2008.

[90] Foltyn E P, Shen H T. St. Lawrence River Freeze-up Forecast[J]. Journal of Waterway, Port, Coastal, and Ocean Engineering, 1986, 112(4):467-481.

[91] AMW LAL,Shen H T. Mathematical model for river ice processes[J]. Jour of Hydraulic Engrg, ASCE, 1991, 117(7):851-867.

[92] Shen H T. Mathematical Modeling of River Ice Transport and Ice Jam Formation[C]. Sapporo:ASCE, 2005:173-251.

[93] 冀鸿兰.黄河内蒙段凌汛成因分析及封开河日期预报模型研究[D].呼和浩特:内蒙古农业大学,2002.

[94] 冀鸿兰,朝伦巴根,陈守煜,等.冰凌预报模糊优选神经网络组合预测方法[J].人民黄河,2008,30(12):47-49.

[95] 苑希民,冯国娜,田福昌,等.黄河内蒙段凌情变化规律及智能耦合预报模型[J].南水北调与水利科技,2015,13(1):163-167.

[96] 冯国华.黄河内蒙古段冰凌特征分析及冰情信息模拟预报模型研究[D].内蒙古农业大学,2009.

[97] 刘吉峰,霍世青,王春青.黄河凌情预报研究与防凌需求[J].中国防汛抗旱,2017,27(6):10-13.

[98] 许卓首,刘吉峰,吴德波.黄河宁蒙河段冰情预报方法分析[J].中国防汛抗旱,2013,23(2):40-41.

[99] 刘吉峰,霍世青.黄河宁蒙河段冰凌预报方法研究[J].中国防汛抗旱,2015,25(6):6-9,13.

[100] 赵晓慎,吴海波,陈丹.集对分析在改进BP神经网络凌汛开河日期预测评估中的应用[J].水电能源科学,2011,29(12):101-103.

[101] 乔继平,王富强,代俊峰.黄河宁蒙河段封开河日期预报方法研究[J].人民黄河,2013,35(4):6-7,10.

[102] 张傲妲.黄河内蒙段冰情特点及预报模型研究[D].内蒙古农业大学,2011.

[103] 胡进宝.黄河宁蒙段冰情中长期预报研究[D].河海大学,2006.

[104] 李亚伟,陈守煜,韩小军.基于支持向量机SVR的黄河凌汛预报方法[J].大连理工大学学报,2006(2):272-275.

[105] 王慧明.灰色拓扑预测方法在冰情预报中的应用[J].内蒙古农业大学学报(自然科学版),2006(1):86-89.

[106] 于庆峰,高瑞忠,李凤玲,等.基于AGA-Shepard模型的黄河三湖河站封开河日期预报[J].西北农林科技大学学报(自然科学版),2011,39(12):214-218,227.

[107] 王志兴,李成振,范宝山,等.基于遗传神经网络的河流冰凌预报[J].水利水电技术,2009,40(2):57-59.

[108] 周翔南,王富强,蔺冬.基于遗传算法的SVM冰凌预报模型研究[J].华北水利水电学院学报,2012,33(1):19-22.

[109] 王昇,刘桂筠.耗散结构理论在冰坝预报中的应用[J].冰川冻土,1987(S1):129-132.

[110] 哈焕文.最高冰塞、冰坝水位计算与预报的动力-随机模型[J].水动力学研究与进展(A辑),1994

（2）：190-196.

[111] 王涛,杨开林,郭永鑫,等.神经网络理论在黄河宁蒙河段冰情预报中的应用[J].水利学报,2005（10）：1204-1208.

[112] 王涛,刘之平,郭新蕾,等.基于神经网络理论的开河期冰坝预报研究[J].水利学报,2017,48（11）：1355-1362.

[113] 胡一三.黄河河势演变[J].水利学报,2003（4）：46-50,57.

[114] 岳志春,苑希民,田福昌,等.黄河宁蒙河段近期水沙特性及冲淤过程研究[J].天津大学学报（自然科学与工程技术版）,2019,52（8）：810-821.

[115] 秦毅.黄河上游河流环境变化与河道响应机理及其调控策略——宁蒙河段为对象[D].西安理工大学,2009.

[116] 岳志春,马晓阳,田福昌.黄河宁夏段近期水沙变化及河势演变分析[J].水利水电技术,2018,49（2）：117-123.

[117] 岳志春.黄河宁夏段河床质对河势变化的影响[J].人民黄河,2016,38（9）：34-37,95.

[118] 贺新娟.宁夏黄河河段冲淤演变与洪水、凌汛影响分析[D].天津大学,2016.

[119] 王新军,岳志春.2012年黄河洪水对宁夏河道河势的影响分析[J].农业科学研究,2015,36（1）：45-48.

[120] 王卫红,于守兵,郑艳爽,等.黄河内蒙古河段2012年洪水前后河势演变[J].水利水电科技进展,2014,34（5）：35-38,49.

[121] 张晓华,张敏,郑艳爽,等.2012年宁蒙河段洪水特点及对河道的影响[J].人民黄河,2014,36（9）：31-33,37.

[122] 秦毅,李子文,刘强,等.黄河内蒙河段凌汛期河床变化的特点及其带来的影响[J].水利学报,2017,48（11）：1269-1279.

[123] 刘子平.水库防凌调度对黄河内蒙河段河床演变的影响[D].西安:西安理工大学,2019.

[124] 张红武,钟德钰,张俊华,等.黄河游荡型河段河势变化数学模型[J].人民黄河,2009,31（1）：20-22.

[125] 孙东坡,陈丹,张羽,等.基于系列水沙条件的黄河内蒙段河床演变试验研究[J].泥沙研究,2012（3）：73-79.

[126] Mandelbrot B B. Fractal：Form, Chance and Dimension[M]. San Francisco：Freeman, 1977.

[127] La Barbera P, Rosso R. On the fractal dimension of stream networks[J]. Water Resources Research, 1989, 25（4）：735-741.

[128] Rosso R, Bacchi B, Barbera P L. Fractal relation of mainstream length to catchment area in river networks[J]. Water Resources Research, 1991, 27（3）：381-387.

[129] Feder J. Fractals[M]. NewYork & London：Plumum, 1988, 20-100.

[130] Robert A. Statistical properties of sediment bed profiles in alluvial channels[J]. Mathematical Geology, 1988, 20（3）：205-225.

[131] Tarboton D G, Bras R L, Rodriguez－Iturbe I. A physical basis for drainage density [J]. Geomorphology, 1992, 5（1-2）：59-76.

[132] Nikora V I, Sapozhnikov V B. River network fractal geometry and its computer simulation[J]. Water Resources Research, 1993, 29（10）：3569-3575.

[133] Nykanen D K, Foufoula－Georgiou E, Sapozhnikov V B. Study of spatial scaling in braided river patterns using synthetic aperture radar imagery[J]. Water Resources Research, 1998, 34（7）：1795-1807.

[134] 张矿.长江河道形态的分形计算[J].人民长江,1993（7）：49-51.

[135] 江富泉,李后强.分形、混沌理论与系统辩证论[J].哲学动态,1994(9):27-32.

[136] 汪富泉,曹叔尤,丁晶.河流网络的分形与自组织及其物理机制[J].水科学进展,2002,13(3):368-376.

[137] 汪富泉.蜿蜒河流的量规维数与河床演变[J].水利水电科技进展,2014,34(3):12-15.

[138] 金德生,陈浩,郭庆伍.河道纵剖面分形-非线性形态特征[J].地理学报,1997(2):60-68.

[139] 冯平,冯焱.河流形态特征的分维计算方法[J].地理学报,1997(4):38-44.

[140] 白玉川,黄涛,许栋.蜿蜒河流平面形态的几何分形及统计分析[J].天津大学学报,2008(9):1052-1056.

[141] 周银军,陈立,孙宇飞,等.河床形态冲淤调整的分形度量[J].长江科学院院报,2011,28(8):11-17.

[142] 徐国宾,赵丽娜.基于多元时间序列的河流混沌特性研究[J].泥沙研究,2017,42(3):7-13.

[143] 茅泽育,吴剑疆,佘云童.河冰生消演变及其运动规律的研究进展[J].水力发电学报,2002(S1):153-161.

[144] 李超,李畅游,李红芳.黄河(内蒙古段)弯道卡冰过程及数值模拟研究[J].水力发电学报,2015,34(10):103-110.

[145] 李红芳,张生,李超,等.黄河内蒙古段弯道河冰过程与卡冰机理研究[J].干旱区资源与环境,2016,30(1):107-112.

[146] 赵水霞,李畅游,李超,等.黄河什四份子弯道河冰生消及冰塞形成过程分析[J].水利学报,2017,48(3):351-358.

[147] 颜亦琪,陶新,刘吉峰,等.2000年以来黄河宁蒙河段开河期冰凌洪水特点分析[J].水资源与水工程学报,2016,27(3):176-180.

[148] 王恺祯,王军,隋觉义.黄河宁蒙河段冰期洪水波运动过程中的变形分析[J].水利学报,2018,49(7):869-876.

[149] 姚惠明,秦福兴,沈国昌,等.黄河宁蒙河段凌情特性研究[J].水科学进展,2007(6):893-899.

[150] 冀鸿兰,王晓燕,脱友才,等.万家寨水库建成后上游河段冰情特性研究[J].水力发电学报,2017,36(2):40-49.

[151] 李锦荣,郭建英,董智,等.黄河乌兰布和沙漠段凌汛期河岸动态变化及影响因素[J].水土保持研究,2016,23(2):117-122.

[152] 戴长雷,李洋,陈末,等.凌汛背景下寒区某堤防渗流模拟分析[J].水电能源科学,2018,36(12):79-82,38.

[153] 李洋.变水位条件下寒区堤防渗流稳定性模拟与分析[D].哈尔滨:黑龙江大学,2019.

[154] 邢万波.堤防工程风险分析理论和实践研究[D].南京:河海大学,2006.

[155] 张秀勇,何宁.黄河下游堤防工程的安全性综合评价[J].水利学报,2007(S1):135-140,154.

[156] 王亚军,张楚汉,金峰,等.堤防工程综合安全模型和风险评价体系研究及应用[J].自然灾害学报,2012,21(1):101-108.

[157] 苑希民,田俊玲,庞金龙,等.基于FAHP防洪保护区洪水风险分析的溃口选择研究[J].水资源与水工程学报,2016,27(2):135-141.

[158] 蔡新,严伟,李益,等.灰色理论在堤防安全评价中的应用[J].水力发电学报,2012,31(1):62-66.

[159] 冯峰,倪广恒,何宏谋.基于逆向扩散和分层赋权的黄河堤防工程安全评价[J].水利学报,2014,45(9):1048-1056.

[160] Shen X Z, Yang X P, Ma W D. Evaluation model of dike safety based on cusp catastrophe theory[J]. Applied Mechanics and Materials, 2012, 190-191:1249-1253.

[161] Pham Quang T, van Gelder, P.H.A.J.M, et al. Reliability-based analysis of river dikes during flood waves[J]. Iapsam Esra, 2012.

[162] Wojciechowska K, Kok M. Practical derivation of operational dike failure probabilities[J]. Reliability Engineering & System Safety, 2013, 113: 122-130.

[163] Su H, Yang M, Wen Z. Multi-Layer multi-index comprehensive evaluation for dike safety[J]. Water Resources Management, 2015, 29(13): 4683-4699.

[164] SL/Z 679—2015,堤防工程安全评价导则[S].北京:中国水利水电出版社,2015.

[165] 杨德玮,盛金保,彭雪辉.堤防工程单元堤安全等级评判及风险估计[J].水电能源科学,2016,34(2):77-81.

[166] 杨端阳,王超杰,郭成超,等.堤防工程风险分析理论方法综述[J].长江科学院院报,2019,36(10):59-65.

[167] 刘晓岩,刘红宾.1993年黄河内蒙古段封河期堤防决口原因分析[J].人民黄河,1995(11):25-28.

[168] 卢杜田,翟家瑞,尚全民.内蒙古乌海河段民堤凌汛溃口的思考[J].人民黄河,2002(3):4-5.

[169] 方立.黄河内蒙古杭锦旗独贵塔拉奎素段凌汛期溃堤原因分析[J].水科学与工程技术,2008(6):12-13.

[170] Beltaos S. Assessing Ice-jam flood risk: methodology and limitations[C]// Proceedings of the 20th IAHR International Symposium on Ice. Lathi, 2010.

[171] Beltaos S. Comparing the impacts of regulation and climate on ice-jam flooding of the Peace-Athabasca Delta[J]. Cold Regions Science and Technology, 2014, 108: 49-58.

[172] Frolova N L, Agafonova S A, Krylenko I N, et al. An assessment of danger during spring floods and ice jams in the north of European Russia[J]. American Journal of Neuroradiology, 2015, 369(3): 37-41.

[173] 李钰雯.灰色预测决策模型及其在黄河冰凌灾害风险管理中的应用[D].郑州:华北水利水电大学,2014.

[174] 李诗.灰色决策模型及其在黄河冰凌灾害风险管理中的应用研究[D].郑州:华北水利水电大学,2016.

[175] 罗党,贾惠迪.基于VIKOR扩展法的黄河冰凌灾害风险评估模型[J].华北水利水电大学学报(自然科学版),2017,38(3):52-57.

[176] 罗党,韦保磊.灰色GMP(1,1,N)模型及其在冰凌灾害风险预测中的应用[J].系统工程理论与实践,2017,37(11):2929-2937.

[177] 吴佳林.基于灰信息的黄河冰凌灾害风险评估研究[D].郑州:华北水利水电大学,2017.

[178] 吴岚.基于突变理论的凌汛灾害风险评价与灾情评估[D].呼和浩特:内蒙古农业大学,2019.

[179] Vorogushyn S, Merz B, Lindenschmidt Karl-Erich, et al. A new methodology for flood hazard assessment considering dike breaches[J]. Water Resources Research, 2010, 46(8).

[180] Lindenschmidt Karl-Erich, Das A, Rokaya P, et al. Ice jam flood hazard assessment and mapping of the Peace River at the Town of Peace River[C]// 18th Workshop on the Hydraulics of Ice Covered Rivers. Quebec City, 2015.

[181] Lindenschmidt Karl-Erich, Huokuna M, Burrel B C, et al. Lessons learned from past ice-jam floods concerning the challenges of flood mapping[J]. International journal of river basin management, 2018, 16(4): 457-468.

[182] Burrell B, Huokuna M, Beltaos S, et al. Flood hazard and risk delineation of Ice-related floods: present status and outlook[C]// Proceedings of the 18th CGU-HS CRIPE Workshop on the Hydraulics of Ice

Covered Rivers. Quebec City, 2015.

[183] 苑希民,王亚东,田福昌.溃漫堤洪水多维耦联数值模型及应用[J].天津大学学报(自然科学与工程技术版),2018,51(7):675-683.

[184] 苑希民,李长跃,田福昌,等.多源洪水耦合模型在防洪保护区洪水分析中的应用[J].水利水运工程学报,2016(5):16-22.

[185] 苑希民,薛文宇,冯国娜,等.溃堤洪水分析的一、二维水动力耦合模型及应用[J].水利水电科技进展,2016,36(4):53-58.

[186] 苑希民,田福昌,冯国娜,等.溃堤洪水的二维水动力模型及其应用[J].南水北调与水利科技,2015,13(2):225-230.

[187] 苑希民,田福昌,王丽娜.漫溃堤洪水联算全二维水动力模型及应用[J].水科学进展,2015,26(1):83-90.

[188] 田福昌,张兴源,苑希民.溃堤山洪淹没风险评估水动力耦合模型及应用[J].水资源与水工程学报,2018,29(4):127-131.

[189] 田福昌.河道-泛区二维水动力耦合数值模拟及其在洪水风险分析中的应用[D].天津:天津大学,2014.

[190] 贾帅静.黄河宁夏段汛期水沙数值模拟与险工冲刷安全分析[D].天津:天津大学,2018.

[191] Yuan X M, Tian F C, Wang X J, et al. Small-scale sediment scouring and siltation laws in the evolution trends of fluvial facies in the Ningxia Plain Reaches of the Yellow River (NPRYR)[J]. Quaternary International, 2018, 476: 14-25.

[192] Tian F C, Ma B, Yuan X M, et al. Hazard assessments of riverbank flooding and backward flows in dike-through drainage ditches during moderate frequent flooding events in the Ningxia Reach of the Upper Yellow River (NRYR)[J]. Water, 2019, 11(7): 1477.

[193] Yuan X M, Yue Z C, Tian F C, et al. A study of the water and sediment transport laws and equilibrium stability of fluvial facies in the Ningxia section of the Yellow River under variable conditions[J]. Sustainability, 2020, 12(4): 1537.

[194] 马跃先,于健,李生俊,等.黄河上游梯级水库防凌优化调度方案研究[J].人民黄河,2012,34(2):4-6.

[195] 郭卫宁,张丙夺,王红.黄河宁蒙段凌汛开河期刘家峡水库控制运用方式研究[J].中国防汛抗旱,2015,25(1):77-79.

[196] 贺顺德,雷鸣,郭金萃.黄河海勃湾水库运用初期防凌运用方式研究[J].人民黄河,2016,38(1):38-41.

[197] 黄河内蒙古防凌应急分洪工程可行性研究报告[R].呼和浩特:内蒙古自治区水利水电勘测设计院,2008.

[198] 王春青,王平娃,范旻昊,等.黄河内蒙古河段气温预报与冰情观测技术研究[M].北京:中国水利水电出版社,2017.

[199] 班晓东,黄晓东,马慧英.杭锦旗独贵特拉奎素段黄河大堤溃口原因分析[J].内蒙古水利,2014(3):127-128.

[200] 赵炜.历史上的黄河凌汛灾害及原因[J].中国水利,2007(3):43-46.

[201] 翟家瑞,张兴红,李旭东,等.2001~2002年度黄河防凌工作回顾[J].防汛与抗旱,2002(4):24-28.

[202] 卢杜田,翟家瑞,尚全民.内蒙古乌海河段民堤凌汛溃口的思考[J].人民黄河,2002(3):4-5.

[203] 史锡祥,郝守英,周长春.1993~1994年度黄河防凌工作回顾[J].人民黄河,1994(11):22-25.

[204] 李岷,简荣.黄河宁夏段冰凌壅水漫滩倒灌风险分析模型[J/OL].南水北调与水利科技:1-8.

[205] 宁夏 2013 年度洪水风险图编制–凌汛洪水影响分析研究报告[R].天津:天津大学,2014.

[206] 黄河宁蒙河段近期防洪工程建设可行性研究报告[R].郑州:黄河勘测规划设计有限公司,2008.

[207] 王静新.东江干流的来水、来沙变化趋势及其非线性分形特征[J].科技资讯,2011(24):23,25.

[208] 倪志辉,周舟,吴立春,等.向家坝下长江干流长河段河道横剖面分形特征[J].水利水电科技进展,2017,37(1):60-67.

[209] 袁宇龙.基于加权改进 TOPSIS 法的区域资源环境承载力研究[D].成都:四川师范大学,2017.

[210] 李荟娆.K-means 聚类方法的改进及其应用[D].哈尔滨:东北农业大学,2014.

[211] Breiman L. Random Forests[J]. Machine Learning, 2001, 45(1): 5-32.

[212] Jiawei H, Micheline K. Data mining: concepts and techniques[J]. Data mining concepts models methods & algorithms second edition, 2006, 5(4): 1-18.

[213] Jerome H. Friedman. Stochastic gradient boosting[J]. Computational Statistics & Data Analysis, 38(4): 367-378.

[214] 赖成光,陈晓宏,赵仕威,等.基于随机森林的洪灾风险评价模型及其应用[J].水利学报,2015,46(01):58-66.

[215] Breiman L, Breiman L, Cutler R A. Random forests machine learning[J]. Journal of clinical microbiology, 2001(2): 199-228.

[216] Rahman S, Irfan M, Raza M, et al. Performance analysis of boosting classifiers in recognizing activities of daily living[J]. International journal of environmental research and public health, 2020, 17(3):1082.

[217] 衣秀勇,关春曼,果有娜,等.DHI MIKE FLOOD 洪水模拟技术应用与研究[M].北京:中国水利水电出版社,2014.